爱上编程
Programming

Tedu.cn | 童程童美
达内教育

App Inventor 少儿趣味编程动手做

童程童美 著

U0232201

由童程童美专业教学团队编写，图文对照，步骤清晰，
多年教学经验的生动总结，更适合中国孩子

简单有趣的"拼图"编程
新奇巧妙的项目设计
让孩子爱上编程

人民邮电出版社
北京

图书在版编目（CIP）数据

App Inventor少儿趣味编程动手做 / 童程童美著
. -- 北京：人民邮电出版社，2019.6
　（爱上编程）
ISBN 978-7-115-50859-1

Ⅰ．①A⋯ Ⅱ．①童⋯ Ⅲ．①移动终端－应用程序－
程序设计－少儿读物 Ⅳ．①TN929.53-49

中国版本图书馆CIP数据核字(2019)第033538号

内 容 提 要

　　本书主要通过 App Inventor 创建一个达宝宠物养成的应用程序，帮助青少年理解计算机科学的抽象内容。全书共 7 章，分别讲解了 App Inventor 基本知识、布局和画布、组件、条件判断和变量、列表、循环和过程、屏幕代码块的使用。读者即使毫无编程基础，通过本书的学习也可以创造出具有各种功能的应用程序。试想一下，我们的智能手机上安装的是我们自己制作的各种应用，这是多么自豪和有成就感的事情呀！本书适合青少年阅读。

◆ 著　　　　童程童美
　　责任编辑　魏勇俊
　　责任印制　彭志环

◆ 人民邮电出版社出版发行　　北京市丰台区成寿寺路 11 号
　　邮编　100164　　电子邮件　315@ptpress.com.cn
　　网址　http://www.ptpress.com.cn
　　北京捷迅佳彩印刷有限公司印刷

◆ 开本：787×1092　1/16
　　印张：11　　　　　　　　　　2019 年 6 月第 1 版
　　字数：216 千字　　　　　　　2019 年 6 月北京第 1 次印刷

定价：59.00 元

读者服务热线：(010)81055493　印装质量热线：(010)81055316
反盗版热线：(010)81055315
广告经营许可证：京东工商广登字第 20170147 号

序

　　Hello，小朋友们好！大家在生活中都用过智能手机、平板电脑等高科技产品，当你们通过这些智能设备玩游戏、学习或者购物时一定会对这些功能非常好奇吧？其实，当你们读完这本书之后就会发现这些安装在智能设备上的 App 并没有想象的那么神奇，因为那时候的你们就可以自己编程，甚至可以编写出游戏和各种更加好玩的东西了。

　　本书主要介绍通过 App Inventor 创建一个达宝宠物养成的应用程序，帮助大家理解计算机科学的抽象内容。达宝可是相当神奇的，它的力量超乎大家的想象呢！大家即使毫无编程基础，通过对 App Inventor 的学习，也几乎可以创造出各种功能的应用程序。试想一下，我们的智能手机上安装的是我们自己制作的各种应用，这是多么自豪和有成就感的事情呀！

　　小朋友们还等什么呢？赶紧拿起书来，让我们通过这次学习，把自己从一个使用者变成一个创造者吧。让我们一起进入 App Inventor 的神秘世界去探索……

前言

　　我们可以通过 App Inventor 去创建一个自己的达宝电子宠物，我们的宠物本事很大，小达宝可以召唤许多的小工具，比如课程表、指南针、计步器、日记本等；我们还可以通过小达宝玩许多有趣的游戏；对了，小达宝还可以在你无聊的时候陪你聊天！是不是已经迫不及待想开始你的 App Inventor 学习之旅了呢？别急，别错过前言部分的好东西哟！

Hello!

我可是很厉害的！

我有日记本、课程表、计步器、指南针……

什么是 App Inventor？

很简单，App Inventor 其实就是编写程序的工具，这门技术类似于我们平时玩的堆积木。我们通过将 App Inventor 中的已有代码块拼接，就可以开发出各种在手机上运行的程序。听起来是不是很好玩呢？

为什么要学编程？

　　试想一下，某天你走在大街上，突然发现来来往往的人都在使用着你开发出来的游戏和各种程序，这是多么自豪的一件事情！当然，你可能长大以后并不想成为一名计算机编程人员，但是学习编程其实有很多益处。

✓ 如今计算机在我们的生活中无处不见，不管是在学校还是家里，我们都不可避免地要使用计算机。学习编程后，我们会对计算机有更深层次的认识和理解，可以更加灵活、自如地使用计算机和互联网。

✓ 学习编程可以让我们变得更加聪明，可以培养我们"计算机式的思维"，让我们像计算机一样考虑问题。学习编程能掌握一些软技能，比如解决问题、分解问题、逻辑思维、纠错能力等。

✓ 编程能为我们的创造力提供巨大的帮助。就像画笔和画板，让我们通过绘画来表达我们的思想和感受，编程提供了更为丰富的表现方式：动画、游戏、互动图像等。通过学习编程，创造力的训练能更为直观、简单。

✓ 学习编程还可以发展我们的认知能力。编程语言类似于我们学习的第二门语言，在我们求知的阶段，大脑非常适合学习新的语言，特别是将生活中的娱乐和技术相结合，这样可以让我们轻松地学习编程、培养兴趣。

为什么选用 App Inventor ？

计算机编程语言分为很多种，我们之所以选择 App Inventor，主要是有以下几个原因。

√ App Inventor 对于初学者来说非常适用，它容易读懂，容易编写，也容易理解。它无须记忆和输入指令，很少在学习初期给我们带来挫败感，为我们在后续学习解决逻辑问题上做了铺垫。

√ 在 App Inventor 中，编程不需要通过键盘输入烦琐的各种代码去实现功能，只需要把已经给定的程序代码块拖到程序中组合起来就能完成各种炫酷的功能。在这个过程中，你不需要去翻阅各种参考手册，背诵各种指令的拼写和用法，可以避免犯单词拼写错误、语法错误等一些低级错误。

√ 通过学习 App Inventor，你可以在很短的时间内就掌握这门语言的奥妙，体会到计算机编程的乐趣。我们很喜欢 App Inventor 这款编程工具，相信大家和我们一样，会对 App Inventor 充满兴趣！

目 录

第1章
走进
App Inventor

1.1 App Inventor 的开发环境

App Inventor 的开发环境可以基于浏览器。首先，我们打开浏览器，搜索 App Inventor 服务器，进入服务器页面后申请账号登录，登录之后会看到以下窗口。

开发界面

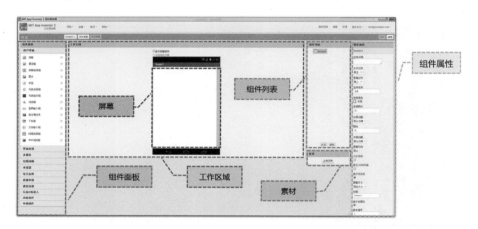

1.2 设计视图

下面就来尝试在设计视图界面完成我们达宝项目的第一个界面吧。

首先，单击页面左上角的菜单"项目"→"新建项目"，创建一个项目，为项目起一个名字。

此时，这个界面就是我们的设计视图界面。我们可以通过组件属性中的"背景图片"上传一张图作为我们应用的背景。同时，我们还能将左边的组件面板中的组件拖动到视图界面，比如我们可以将一个按钮拖动到视图界面。大家跟上小达宝的节奏了吗？

名词解释

设计视图用于为应用选择组件，并对组件的属性进行设计。

App Inventor 可以完全按照你想要的内容去呈现。
你可以通过拖动组件来设计程序的布局，你还可以上传你喜欢的各种图片当作程序的背景图哟！
加油，计算机就在你的掌控之中！

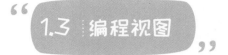

1.3 编程视图

编程视图是用来设置应用的行为的。

在编程视图中，我们可以通过拖动代码块来实现自己想要实现的功能。下面我们就来尝试着体验一下在编程视图下开发吧。

首先，我们通过单击页面右上角的"逻辑设计"按钮，从设计视图界面进入编程视图界面。接着，我们通过拖动代码块来为在设计视图界面的按钮添加一个触发事件。实现的效果是下面这个样子。

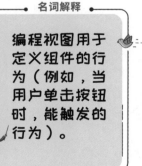

名词解释

编程视图用于定义组件的行为（例如，当用户单击按钮时，能触发的行为）。

按钮1文本 ——————→ 我被点击过啦！
点击

　　我们想要实现单击在设计视图中添加的按钮,按钮上的文字变为"我被点击过啦!"的效果。我们可以通过以下代码块来实现。

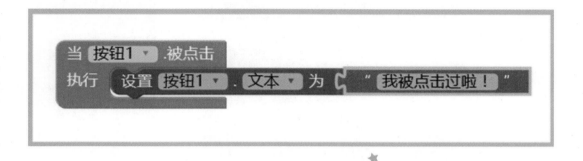

App Inventor 是一个在线的编程工具,也就是说,当大家在编写项目的时候,项目中所有的信息会保存在网络的服务器上,所以我们完全关闭了 App Inventor 的开发环境之后,再次打开它时,我们的项目依然是存在的。因此,大家可以不用将项目保存在自己的计算机上。

1.4 测试

老师，我们现在添加了视图界面和代码块，那怎么看我实现的效果呢？怎么在手机上查看呢？

大家别着急，在我们测试实现效果之前呢，我们需要先做好下述准备。

第一步：大家先准备好一部安卓手机，相信大家在学习 App Inventor 之前就已经准备好安卓手机了，我们赶紧来看看第二步操作吧。

第二步：用手机访问谷歌商店，搜索并下载"MIT AI2 Companion"应用，并安装。

第三步：手机连好 Wi-Fi，注意：手机的 Wi-Fi 要和计算机连接的 Wi-Fi 保持一致！

第四步：进入我们计算机的 App Inventor 开发环境中，在窗口上方的菜单中找到"连接"菜单，并选择"AI 伴侣"，如下页图所示。

第五步：打开手机上安装好的 AI 伴侣，选择"扫描二维码"，然后将手机的摄像头对准计算机屏幕上的二维码开始扫描。

第六步：如果一切顺利，我们的应用就能在手机上运行了。

如果你在设计视图界面或者编程视图界面做了任何的改变，手机上的应用都会随之改变！这个测试是实时测试，所以大家无须担心计算机发生改变，手机端是否会改变的问题。

注意！

App Inventor 的测试功能要依赖网络。如果我们将手机的 Wi-Fi 断开，那么手机之前运行过的应用就会无法运行。这是因为我们在手机上从来没有安装过我们开发好的应用程序，它只是运行在 AI 伴侣的应用当中。

1.5 应用在安卓设备中的使用

首先，我们在将应用安装到手机上之前，需要检查一下手机是否允许安装从安卓商店之外下载的应用。选择"设置"→"安全"，并选中"未知来源"项。

其次，请大家返回计算机上的 App Inventor 的开发界面，从顶部菜单中选择"打包APK"→"显示二维码"。当计算机完成编译之后，屏幕上会显示一个二维码，我们打开手机上的扫码功能，扫码下载并安装。

安装完成之后，我们的手机屏幕上将会出现我们的应用程序的图标。这时候，我们断开网络连接，发现我们的程序依然存在，这表示在手机上的应用就完成安装了。大家赶紧试试吧！

拓展小常识：

当我们完成一个应用的开发后，一定很迫切地希望把成果分享给身边的朋友吧。现在有两种方式可以分享应用：分享安装文件（.apk 文件）、分享项目文件（.aia 文件）。

① 分享安装文件：在开发界面顶部菜单中选择"打包 APK"→"下载到电脑"。这时会在计算机上生成一个 .apk 文件，分享该文件就可以让身边的朋友体验你写的应用了。

② 分享项目文件：在 App Inventor 开发环境中，选择"项目"→"导出项目"。这样会在计算机上生成一个 .aia 文件，这样你的朋友就可以在开发环境中还原你的项目，也可以修改你的项目，但是你自己开发环境中的程序不会受到影响。

1.6 总结

通过这一章的学习,大家学到了什么呢?

✓ 了解、熟悉了 App Inventor 的开发环境。

✓ 创建应用,并且能够上传素材。

✓ 在设计视图界面,能够选择拖动应用组件。

✓ 在编程视图界面,能够为组件定义行为。

✓ 能利用 AI 伴侣实时测试正在编写的项目。

✓ 可以将自己完成的项目安装到手机上运行。

✓ 还能将自己的项目分享给朋友。

第2章
布局和画布

在设计视图界面，如果我们想要几个控件在一排上显示，我们就需要用到水平布局，水平布局包括 3 个属性：可见、高度、宽度。

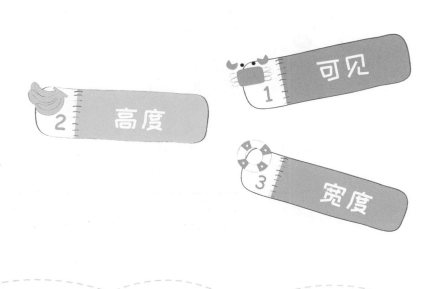

可见：可见属性如果被选中，则布局组件及其内部组件在用户界面中可见。

高度：高度就是设置水平布局Y方向上的尺寸。但实际高度取决于内部最高的那个组件；当布局中没有组件时，默认的高度为100。

宽度：宽度就是设置水平布局X方向上的尺寸。如果水平布局组件的宽度设置为"充满"或一个具体数值，当某个内部组件的宽度设为"充满"时，则这些组件的宽度将充满布局组件的剩余宽度。

下面我们就来尝试着使用水平布局完成一次探险任务。大家做好准备了吗？

现在，让我们在达宝界面上添加4个按钮，分别是商城、书包、历险和签到。

记得将4个按钮水平排列哟，加油！

步骤一

我们在设计视图中拖出 4 个按钮，在组件属性中将按钮的文本分别更改为商城、书包、历险和签到。

 步骤二

在组件面板的界面布局中，拖出水平布局组件，放在按钮下面，并在组件属性中设置空间的宽度为"充满"，这样组件才能在水平方向上充满整个屏幕哦！

 步骤三

依次将 4 个按钮移动到水平布局组件中。注意，当你拖曳按钮时，会看到一条蓝色竖线，提示按钮将被放到什么地方。

大家完成后的效果是什么样子的呢？

注意！

完成任务后，你在测试的手机上会看到 4 个按钮排列成一行了。大家是不是发现这个结果和在计算机的预览窗口中的样子不一样呢？其实，在窗口中可见的水平布局组件的轮廓线，在测试的设备上是不可见的。

2.2 垂直布局

老师，什么是垂直布局啊？

垂直布局其实就是把内部控件自上而下垂直排列的一个组件。后面的组件依次向下排列。内部组件在水平方向上居左对齐。

在设计视图界面，如果我们希望内部组件自上而下依次排列，则需使用垂直布局组件。垂直布局和水平布局相似，也包括 3 个属性：可见、高度、宽度。

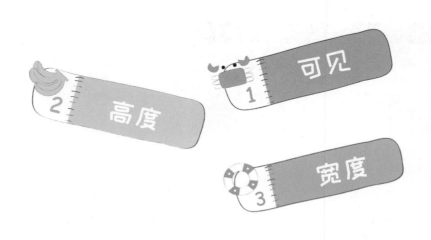

可见：可见的属性如果被选中，则布局组件及其内部组件在用户界面中可见。

高度：高度就是指设置垂直布局Y方向上的尺寸。若将属性设为"自动"，则实际高度取决于内部多个组件中最高，同时高度属性不为"充满"的组件高度；如果内部组件高度都设置为"充满"，则视同设置为"自动"，布局组件的实际高度经计算确定；如果内部不包含任何组件，则其高度为100。

宽度：宽度就是指设置垂直布局X方向上的尺寸。其实际宽度取决于内部多个组件中最宽的，且宽度属性不为"充满"的组件宽度；如果所有组件宽度都为"充满"，则等同于设置为"自动"，布局组件的实际宽度经计算确定；如果内部不包含任何组件，则其宽度为100。

下面我们就来尝试着使用垂直布局完成一次探险任务。大家做好准备了吗？

现在，让我们在达宝界面上添加3个按钮，分别是抚摸、吃饭和喝水。

记得将这3个按钮垂直排列在之前的4个按钮的右侧，加油！

步骤一

我们在组件面板的界面布局中，拖出垂直布局组件，放在水平布局组件中。并在组件属性中设置控件的高度和宽度为"自动"，这样组件排布才能更紧密！

 步骤二

我们在组件面板中拖曳 3 个按钮，并依次将 3 个按钮的文本更改为抚摸、吃饭和喝水。

 步骤三

将 3 个按钮移动到垂直布局组件中。注意，当你拖曳按钮时，会看到一条蓝色竖线，提示按钮将被放到什么地方。

大家完成后的效果是什么样子的呢？

注意！

完成任务后，你在测试的手机上会看到 3 个按钮排列成一列了，大家是不是发现这个结果和在计算机的预览窗口中的样子不一样呢？其实，在窗口中可见的垂直布局组件的轮廓线，在测试的设备上是不可见的。

2.3 精灵和画布

2.3.1 精灵组件

大家注意，精灵必须放在画布中使用哦！精灵的功能有很多，比如它可以响应触摸和拖曳事件，也可以与其他的精灵或者画布的边缘产生碰撞，还可以根据设定好的属性值进行移动。

精灵组件的外观由设定好的图像决定，这个时候精灵组件的可见属性设置必须为真。

名词解释

精灵组件：具有触感的、可移动的图像。

　　精灵组件的属性比较多，包括：启用、方向、高度、时间间隔、图片、旋转、速度、可见、宽度、X、Y、Z。下面我们就来详细介绍一下精灵组件的属性。

1　启用

　　当精灵的速度不为零时，决定精灵是否可以移动。

2　方向

　　用精灵相对于 X 轴正方向之间的夹角来表示精灵的方向。0 度指向屏幕的右方，90 度指向屏幕的上方。

3　高度

　　设置精灵组件的高度，即 Y 方向的尺寸。

4　时间间隔

　　以毫秒数表示精灵位置改变的时间间隔。如果时间间隔为 50，而速度为 10，则表示精灵每 50 毫秒将移动 10 个像素。

5　图片

　　图片决定了精灵的外观。

6　旋转

如果被选中，则精灵图像将随精灵方向的改变而改变；如果不选，则精灵方向的改变不会引起精灵图像的旋转。精灵以它的中心点为轴旋转。

7　速度

精灵移动的速度，即精灵在每个时间间隔内移动的像素数。

8　可见

决定精灵在用户界面上是否可见。

9　宽度

设置精灵组件的宽度，即 X 方向的尺寸。

10　X

精灵左侧边界的水平坐标，向右为增大。

11　Y

精灵顶部边界的垂直坐标，向下为增大。

12　Z

精灵在垂直于屏幕方向上的层级，高层级的精灵将遮挡低层级的精灵，即高层级精灵在前，而低层级精灵在后。

碰撞（被测精灵）：当两个精灵发生碰撞时，触发该事件。

拖曳（x0, y0, x1, y1, x2, y2）：用于处理拖曳事件。在一个拖曳过程中，会多次调用对事件的处理。

到达边缘（边缘代码）：当精灵到达屏幕的某个边缘时，调用该事件处理程序。

划动（x, y, v, h, vx, vy）：当在精灵上做了一个划动手势时，触发该事件。

停止碰撞（被撞精灵）：当两个精灵不再碰撞时，触发该事件。

按下（x,y）：当用户开始触摸精灵（将手指放在精灵上尚未移开）时触发该事件，参数（x,y）为触碰点相对于画布左上角的坐标。

抬起（x,y）：当用户停止触摸精灵（在按下事件之后抬起手指）时触发该事件，参数（x,y）为触碰点相对于画布左上角的坐标。

触摸（x,y）：当用户触摸精灵并立即抬起手指时，触发该事件，参数（x,y）为触摸点相对于画布左上角的坐标。

老师，精灵的方法都有哪些呢？

接下来，我们来讲精灵的最后一点内容——精灵的方法。

精灵的方法有以下几种。

反弹（边界编号）
碰撞检测（被测精灵）
移至界内（）
移至（x,y）
指向一点（x,y）
指向（目标）

反弹（边界编号）：使精灵反弹，就像撞墙之后反弹一样。在一般的反弹中，参数边界编号来自于到达边缘事件所提供的参数，为数字，上边界为1，下边界为 –1，左边界为 –3，右边界为 3。

碰撞检测（被测精灵）：检测该精灵是否与指定的被测精灵之间发生了碰撞。

移至界内（）：如果精灵的一部分超出了画布的边界，则将其移动回界内，且紧邻边界（与边界之间无间隙）。如果精灵太宽超出了画布，则令其与画布的左边界对齐；如果精灵太高超出了画布，则令其与画布的上边界对齐。

移至（x,y）：将精灵移动到指定位置，令其左上角的坐标为（x,y）。

指向一点（x,y）：将精灵指向某个坐标点（x,y）。

指向（目标）：让该精灵指向另一个指定的精灵，所指方向与两个精灵中心点的连线平行。

2.3.2   画布组件

画布就像我们生活中的画板一样，我们可以在上面用画笔绘画；在上一节学习精灵组件时，知道了精灵只能放在画布中使用，因此画布中还可以放置精灵。

画布的属性也有很多，包括背景颜色、背景图片、字号、宽度、高度、线宽、画笔颜色、可见性。下面给大家详细介绍一下画布的各个属性。

名词解释

画布组件：一个可以在其中绘画、让精灵移动的矩形面板。

1 背景颜色

画布的背景颜色。

2 背景图片

画布的背景图片。

3 字号

画布上添加的文字的大小。

4 宽度

设置画布组件的宽度。

5 高度

设置画布组件的高度。

6 线宽

在画布上画线时，决定线的宽度。

7 画笔颜色

在画布上绘制图形时，决定图形的颜色。

8 可见性

设置组件在用户界面上是否可见。如果选择显示，则其值为真；如果选择隐藏，则其值为假。

拖曳（x0, y0, x1, y1, x2, y2, 是否为精灵）：当用户在画布上做拖曳时，触发该事件。其中（x0, y0）表示用户最初触碰到的点，（x1, y1）表示用户手指在当前位置之前的位置，（x2, y2）表示用户手指当前位置，"是否为精灵"表示是否有精灵被拖曳。

划动（x,y,v,h,vx,vy,是否划到精灵）：当用户手指在画布上划过时，触发该事件。事件中携带的参数包括：划动起点相对于画布左上角的位置（x,y），划动的速度v（每毫秒划过的像素数）及方向h（-180度至180度）以及速度在x、y方向的分量vx、vy，"是否划到精灵"表示在划动起点处是否有精灵。

按下（x,y）：当用户开始触摸画布（将手指放在画布上尚未移开）时，触发该事件，参数（x,y）为触碰点相对于画布左上角的坐标。

抬起（x,y）：当用户停止触摸画布（在按下事件之后抬起手指）时，触发该事件，参数（x,y）为触碰点相对于画布左上角的坐标。

触摸（x,y,是否碰到精灵）：当用户触摸画布并立即抬起手指时，触发该事件，参数（x,y）为触摸点相对于画布左上角的坐标。"是否碰到精灵"表示触摸位置（x,y）是否有精灵。

认识完画布的
事件，接下来就要认
识一下它的方法啦！

清除（ ）
清除画布上绘制的所有图形及文字，背景颜色及背景图片除外。

画圆（x,y,r）
在画布上绘制实心圆。圆心位置为（x,y），半径为r。

画线（x1,y1,x2,y2）
在画布上给定的两点（x1,y1）和（x2,y2）间画线。

画点（x, y）
在画布上指定位置（x,y）画点。

写字（文字, x, y）
在画布上指定位置（x,y）书写文字，字号和对齐方式属性在设计视图中设定。

写倾斜字（文字,x,y,角度）
在画布上以给定的角度在指定位置（x,y）书写文字，字号及对齐方式属性在设计视图中设定。

设背景颜色（x, y, 颜色值）
为画布上的指定位置（x,y）设置背景颜色，这不同于用给定颜色参数画点的方法。

除了常用的方法，画布还有一些不经常被我们用到的方法。下面列出了这些方法，给大家用作参考。

其 他 方 法

取颜色值（x,y）
获取画布上指定位置（x,y）的颜色值（不包括精灵的颜色）。

取像素色（x,y）
获取指定点（x,y）的颜色值（包括精灵的颜色）。

保存（）
将画布上绘制的内容保存到设备的外部存储器中。如果保存出错，将触发屏幕的出错事件。

另存（文件名）
将画布上绘制的内容以指定的文件名保存到设备的外部存储器中。文件扩展名必须是 .jpg、.jpeg 或 .png，扩展名决定了文件的类型。

下面，我们用画布和精灵两个组件一起完成一个小案例，案例的主角依然是我们的达宝啦！大家根据下边的步骤一起动手试试吧！

这里需要一个画布、一个精灵（达宝），划动画布后，达宝将从划动的初始位置沿着划动的方向移动。

1 界面布局

① 在组件面板的绘图动画中把画布组件拖曳到屏幕上，在组件属性中将画布的高度和宽度设置为充满，然后为画布设置草原的背景图片；

② 把精灵拖曳到画布中，设置精灵的图片为"达宝"，并把精灵名字改为"达宝精灵"。

2 划动画布

调用画布的划动事件，让达宝以我们的手指滑动的方向和速度移动。在该事件中设置达宝精灵的 X,Y 属性为划动事件的参数 (x,y)，设置达宝精灵的方向为事件参数中的方向、速度为事件参数中的速度。

画布代码

大家完成后，不要忘了在
自己的手机上运行一下小案例
试试效果哟！

2.4 总结

本章内容到这里就给大家介绍完了，我们一起来总结一下学到了哪些知识吧！

- ✓ 掌握了水平布局和垂直布局的使用。
- ✓ 熟悉了两种布局组件的属性。
- ✓ 掌握了画布和精灵的概念。
- ✓ 了解了画布和精灵常用的事件、方法。
- ✓ 会利用画布和精灵制作简单的动画。

第3章

组件

3.1 按钮组件

老师，这里的按钮和我们生活中的开关一样吗？

程序中的按钮和生活中的开关不是完全一样的，但我们都可以通过触摸来得到想要的效果。

名词解释

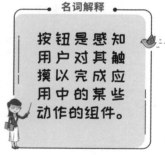

按钮是感知用户对其触摸以完成应用中的某些动作的组件。

按钮是应用程序中最常用的组件之一，用户可以对按钮进行很多操作，也可以根据自己的喜好更改按钮的外观。按钮可以感知用户多种多样的触摸方式。

下面，我们一起从属性和事件两方面认识一下 App Inventor 中的按钮组件吧！

按钮的属性较多，为了更方便认识这些属性，我们简单把它们分为外观属性和功能属性两类。

外观属性

1 背景颜色

按钮的背景颜色。

2 字体加粗

如果选中该属性，则按钮上的文字将显示为粗体字。

3 字体倾斜

如果选中该属性，则按钮上的文字将显示为斜体字。

4 字号

按钮上文字的大小。

5 字体

按钮上文字的字体。

6 高度

按钮的高度（Y 方向的大小）。

7 宽度

按钮的宽度（X 方向的大小）。

8 图像

按钮上显示的图像。

形状

9

按钮的外形（默认、圆角、矩形、椭圆）。

文字

10

按钮上显示的文字内容。

文字对齐

11

按钮上文字的对齐方式（居左、居中、居右）。

文字颜色

12

按钮上文字的颜色。

功能属性

启用

1

如果选中该属性，则用户触摸按钮时将引起某些动作。

显示交互效果

2

如果按钮设置了背景图，单击时会显示交互效果。如果选中，单击时按钮颜色变浅；否则按钮无变化。

可见

3

设置该组件在用户界面上是否可见。如果选择"显示"，则其值为真；选择"隐藏"，则其值为假。

老师，按钮的事件都有哪些呢？

按钮的事件主要和用户对按钮的触摸有关，不同的触摸方式对应不同的事件。

按钮常用的事件有以下几种。

单击　　获得焦点
长按　　失去焦点
按压　　释放

单击
用户按下并立即放开按钮时执行。

获得焦点
按钮获得焦点时执行。

失去焦点
按钮失去焦点时执行。

长按
用户按下一段时间后放开按钮时执行。

按压
用户按下按钮的过程中执行。

释放
用户释放按钮时执行。

接下来，打开你们的 App Inventor，我们一起来完成一个关于按钮的小案例吧！

1 界面设计

① 上传两张达宝的图片（睁眼和眯眼）。

② 把一个按钮组件拖曳到屏幕，命名为"达宝"，删除文字属性内容，将图片设置为睁眼图片，可见选择隐藏。

③ 把一个按钮组件拖曳到屏幕，命名为"登场"，文字内容改为"登场"。

2 代码设计

① 单击"登场"按钮，将"达宝"的可见性设置为真。

② 在"达宝"按压事件中设置"达宝"图片为眯眼图片。

③ 在"达宝"释放事件中设置"达宝"图片为睁眼图片。

你成功了吗？连接上自己的安卓手机，看看效果吧！

代码块中的"松开"事件，其实就是我们上边讲的"释放"事件，意思相同，用法相同。由于 App Inventor 在中国的维护机构不同，有些代码块和组件名字的翻译有所差别，只要理解它们的作用，名字不同也不会影响我们编程。

3.2 占位标签的使用

老师，什么是占位标签呢？

同学们，在认识占位标签之前，我们先来认识一下标签吧！

在各类软件中，我们经常会用到标签这个组件，标签最主要的作用是：显示应用程序的文字。

标签是用户界面组件中较为简单的一个组件，它只有属性，没有事件和方法，标签的文字属性用来设置将要显示的文字，其他属性用来控制标签的外观及位置。

标签的属性有以下八种。

名词解释

标签是用来显示文字的组件。

1 背景颜色 2 粗体 3 斜体 4 字号

5 字体 6 高度 7 宽度 8 文本

9 文本对齐 10 文本颜色 11 可见性

标签属性的用法和按钮中相同的属性的用法一致，这里就不给大家一一列示，可自行对照查阅按钮的属性用法哦！

占位标签的作用是：帮我们在界面上占用一段位置，从而控制界面上的其他一些组件位于指定的位置。

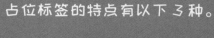

占位标签的特点有以下 3 种。

（1）占位标签就是标签组件。
（2）标签是用来显示文字的，占位标签是用来占取位置的。占位标签的文字属性为空。
（3）占位标签仅用到标签的宽度和高度两个属性。

为了让大家更好地理解占位标签，下面，我们一起来完成一个小案例。

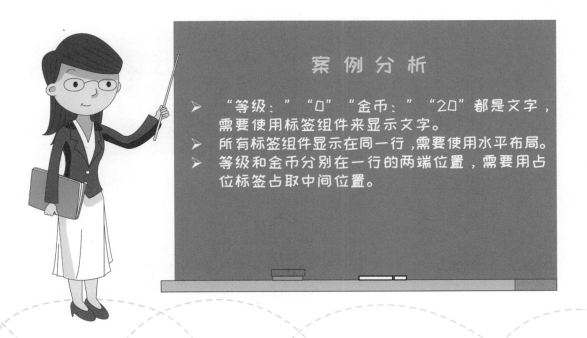

同学们可以根据我们的实现步骤一步一步来完成这个小案例，第一步是拖曳组件，第二步是设置各个组件的属性，第三步是应用占位标签。

实现步骤

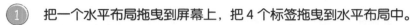 把一个水平布局拖曳到屏幕上，把 4 个标签拖曳到水平布局中。

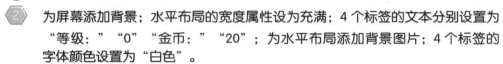 为屏幕添加背景；水平布局的宽度属性设为充满；4 个标签的文本分别设置为"等级："、"0"、"金币："、"20"；为水平布局添加背景图片；4 个标签的字体颜色设置为"白色"。

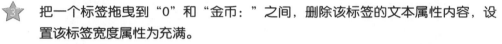 把一个标签拖曳到"0"和"金币："之间，删除该标签的文本属性内容，设置该标签宽度属性为充满。

做完之后连接 AI 伴侣，看看效果如何吧！

3.3 非可视化组件——音效

老师，很多手机软件都能发出好玩的声音，这些声音是怎么发出来的呢？

App Inventor 中有一些专门播放短声音的组件，就是今天要学的音效。

在认识音效之前，我们首先来了解一下什么是非可视化组件。

App Inventor 为使用者提供了很多组件，这些组件可分为"可视化组件"和"非可视化组件"。

"可视化组件"是指应用启动后用户可以看到的组件。

"非可视化组件"是不可见的，不是用户界面的组成部分，是应用提供的内置功能。

当我们把某个组件拖曳到屏幕上时，如果能放置到屏幕中，则该组件就是"可视化组件"；如果被拖曳到屏幕上的组件自动列入屏幕下方，则是"非可视化组件"，如下图中的红色框内的组件都是非可视化组件。

本节学习的主要组件"音效"就是一个典型的非可视化组件！音效组件位于组件面板的"多媒体"中。注意：音效比较适合播放短小的声音文件，比如闹铃、提示音等，不适合播放整首歌曲或者更长的声音文件。

App Inventor 的不同版本对音效的翻译可能有所不同，所以可以通过组件的图标来辨别，音效的图标是 🔊。

下面，我们就一起来认识一下音效的属性和方法吧！

名词解释

音效是一个可以播放短小的声音文件、使手机产生短暂震动效果的组件。

音效的属性只有两个。

最小间隔
源文件

1　最小间隔（ms）

两次播放之间的最小时间间隔。

2　源文件

指定播放的声音文件。

接下来，我们再一起来认识一下音效的方法吧！

音效的方法有以下几种。

暂停（ ）
暂停正在进行中的播放。

播放（ ）
开始播放。

继续（ ）
在暂停后继续播放。

停止（ ）
停止正在进行的播放。

震动（毫秒数）
设置手机震动的时长（毫秒数）。

老师，那音效有没有事件呢？

音效只有一个事件。
发生错误（消息）
当音效播放失败的时候执行，参数"消息"指返回的错误消息。

接下来，我们一起用音效完成一个小案例吧！

还记得 3.2 节中的案例吗？我们在长按达宝的时候，让达宝发出一段声音吧！

1　界面设计

① 为屏幕设置背景图片，将水平对齐和垂直对齐的方式均设置为居中。

② 从组件面板的多媒体抽屉里将一个音效拖曳到屏幕上，为音效上传声音文件。

2　编程设计

　　将音效的播放方法和震动方法拖曳到被按压的代码块中，再将一个数字拖曳到震动方法的毫秒数位置，将数字设置为 1000（1000 毫秒等于 1 秒）。

音效代码

是不是很简单呢，同学们赶紧连接上手机，试试效果吧！

3.4 微数据库组件的使用

老师，达宝总是忘记老师布置的作业，所以达宝想做一个可以记录作业的应用软件，可是达宝也很担心下次打开软件的时候，记录的东西就不见了，怎么办呢？

今天老师给达宝介绍一个叫作"微数据库"的组件，来帮助达宝解决这个难题。

　　用 App Inventor 创建的应用，每次运行后都会恢复到最初的界面，前一次运行中产生的数字、文本、消息等所有数据将不复存在。微数据库是一种可以永久保存数据的组件，我们可以通过从微数据库中获取数据的代码块获取存储在微数据库中的数据。比如，我们把游戏中的最高得分保存到微数据库后，每次打开游戏都可以读取到它。微数据库的图标是 🗄 微数据库 。

名词解释

微数据库是一个非可视化组件，用来保存应用中的数据。

　　微数据库组件没有属性和事件，接下来我们学习一下微数据库的方法。

微数据库的方法有以下几种。

全部清空（ ）
清除数据（标签）
获取标签（ ）
读取数值（标签，无标签时的返回值）
保存数值（标签，值）

全部清空（　）
清空整个数据存储区。

清除数据（标签）
清除指定标签名下的数据。

获取标签（　）
返回该数据存储区内所有的标签。

读取数据（标签，无此标签时的返回值）
读取保存在给定标签名下的数据，如果此标签不存在，则返回某预设值。

保存数据（标签，值）
在指定的标签名下保存给定的值，每当应用重新启动时，数据依然存储在手机中。

两个概念需要注意：

1　数据存储区是指一个微数据库存储的所有数据所占的手机内存区域。

2　微数据库的标签不是前边所学的标签组件，而是我们给存储的数据起的名字，通过这个名字我们可以轻松获取该数据。

我们一起来用微数据库实现一下达宝的"作业记录"的小应用吧！

首先，我们来看一下本节小应用的界面。

界面设计
1

    如上图所示，从上到下的组件依次是：标签（"记作业："）、文本输
入框（作业输入框）、水平布局［两个按钮（查看作业、保存作业）］、标
签（作业内容）和微数据库。

编程设计
2

    ① 保存作业按钮单击事件：存储作业内容，把文本输入框的文本存储到
    微数据库中，标签名为"作业"。

    ② 查看作业按钮单击事件：在微数据库中寻找标签为"作业"的数据内容，
    显示到"作业内容"标签中。

到这里，我们的"作业记录"就完成了，快来看看效果吧！

当我们在"记作业"下边输入作业内容，单击"保存作业"按钮后，我们的作业内容就会存入微数据库的"作业"标签中，当我们单击"查看作业"按钮时，作业内容将会显示到按钮的下方。当下次再打开"作业记录"时，单击"查看作业"我们就能看到上次保存的作业了！

3.5 方向传感器

老师，为什么手机里的指南针软件可以辨别方向呢？

因为指南针软件里有一个叫作方向传感器的组件，可以提供方向数据。

方向传感器是一个非可视化组件，在 App Inventor 中的图标是 。

方向传感器可以给我们提供 3 种不同类别的方位值。

名词解释

方向传感器是专门用于确定设备的空间方位的组件。

1 倾斜角

2 翻转角

3 方位角

1 倾斜角

当设备水平放置时，其值为 0°；当设备向左倾斜到竖直位置时，其值为 90°；当设备向右倾斜至竖直位置时，其值为 -90°。

翻转角

当设备水平放置时，其值为 0°；设备随着顶部向下倾斜至竖直时，其值为 90°，继续沿相同方向翻转，其值逐渐减小，直到屏幕朝向下方的位置，其值变为 0°；同样，当设备底部向下倾斜直到指向地面时，其值为 –90°，继续沿同方向翻转到屏幕朝上时，其值为 0°。

方位角

当设备顶部指向正北方时，其值为 0°，正东为 90°，正南为 180°，正西为 270°。

1 可用

表明安卓手机上的方向传感器是否可用。

2 启用

如果选中，则位置传感器组件处于正常的使用状态。

3 方位角

返回设备的方位角。

4 倾斜角

返回设备左右倾斜的角度。

5 翻转角

返回设备前后翻转的角度。

6 力度

返回一个 0 到 1 之间的小数，表示设备倾斜的程度，可以理解为当球在设备表面滚动时，所受到的力的大小。

7 角度

返回一个角度值，表示设备倾斜的方向，可以理解为当球在设备表面滚动时，所受到的力的方向。

我们现阶段做的应用中，翻转角和倾斜角使用较少，了解即可，重点掌握方位角和角度两个属性。

方向传感器只有一个事件，就是方位改变事件，我们一起来认识一下该事件。

方位改变（方位角、倾斜角、翻转角）
当设备的方位改变时，触发该事件。

接下来，我们一起用方向传感器自制一个简易的手机指南针吧！

在搭建界面之前，我们只需要准备一张标有"东南西北"的指南针表盘图片。

 界面设计

 将一个画布和一个方向传感器分别拖曳到屏幕上，将精灵也拖曳到画布上。

将屏幕水平对齐方式和垂直对齐方式均改为居中，画布和精灵的宽高均为 300 像素，精灵的图片设置为准备好的指南针图片。

 代码设计

方向传感器的方位改变事件：设置精灵的方向为方位改变事件的方位角参数。

方位改变

同学们，今天的界面和代码是不是特别简单呢？做完之后赶紧连接手机，拿着手机朝各个方向转一圈看看效果吧！

从指南针的指向可以看出，手机上部朝向的方向是东方！

3.6 音频播放器

达宝最近特别喜欢听歌，想把喜欢的歌曲做成一个音乐集，但发现播放声音的音效组件不适合播放歌曲，老师能帮帮达宝吗？

达宝，我们的音效组件只适合播放比较短的声音，要播放长一点的声音，就需要用到今天将要学习的音频播放器组件了。

音频播放器组件也是一个非可视化组件，位于组件面板的多媒体中，音频播放器组件在 App Inventor 中的图标是 ▶。

另外值得注意的一点是，音频播放器也可以控制手机的震动。下面我们就先来认识一下音频播放器有哪些属性吧！

名词解释

音频播放器是一个用于播放长音频文件的组件，如播放歌曲、背景音乐等音频。

 播放状态

报告组件是否正在播放中。

 循环播放

如果选中这个属性，将循环播放音频。设置循环将直接影响当前的播放。

 前台播放

如果选中这个属性，当离开当前屏幕时，播放将暂停；如果不选中这个属性（保持在默认状态），则无论当前屏幕是否显示，声音都将继续播放。

 源文件

上传音频播放器播放的音频文件。

 音量

设置播放音量，范围是 0 ~ 100。

音频播放器的事件 {
完成播放

发生错误

其他播放器
开始播放

完成播放
当音频播放器播放完音频文件时可触发该事件。

其他播放器开始播放
当其他播放器开始播放时（当前播放器处于播放或暂停状态，但非停止状态），触发该事件。

发生错误（消息）
因一些原因播放失败触发该事件，系统将返回错误消息。

音频播放器的方法

开始

暂停

停止

震动

暂停（　）
暂停正在进行的播放。

开始（　）
开始播放,如果此前处于暂停状态,则继续播放;
如果此前处于停止状态,则从头开始播放。

停止（　）
停止正在进行的播放,并回到媒体文件的开头。

震动（毫秒数）
指定手机震动的毫秒数。

下面进入我们
的动手小环节，用音频
播放器完成一首《大梦
想家》的播放、暂停和
停止吧!

界面设计

⭐ ① 把一个水平布局拖曳到屏幕上，并往水平布局中拖曳3个按钮（开始、暂停、停止），将水平布局宽度设为充满，为屏幕添加《大梦想家》背景图片。

⭐ ② 把一个标签（占位标签）拖曳到水平布局上方，高度比例为70，向3个按钮之间拖曳两个标签（占位标签），宽度为3像素。

代码设计

① 单击开始按钮：音频播放器开始播放。

② 单击暂停按钮：音频播放器暂停播放。

③ 单击停止按钮：音频播放器停止播放。

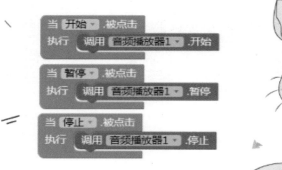

太好了！达宝终于可以听歌了！

3.7 计时器

老师，怎么才能让达宝眨眼睛呢？

要实现这类的动画就要靠我们的计时器组件了。

计时器不是记录时间的吗？和眨眼睛有啥关系？

计时器可以帮助我们做很多事情哦，比如做一些动画、获取时间、记录时间等。

计时器是一个非可视化组件，与时间的获取和判断有关系，在 App Inventor 中，它的图标像一个小闹钟 🔔。

计时器属于传感器类的组件，一般属性比较少，接下来我们就一起认识一下它的几个属性。

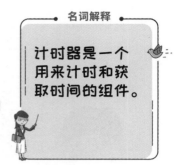

名词解释

计时器是一个用来计时和获取时间的组件。

1 一直计时

如果选中，计时器在后台会一直循环计时。

2 启用计时

选中计时器才可以被使用。

3 计时间隔

计时器从开始到计时结束的时间间隔，以毫秒为单位，即值为 1000 的时候，计时为 1 秒。

老师，计时器的方法和事件多不多啊？

计时器的方法很多，但用法很清晰；事件只有1个，让我们来了解一下吧。

到达计时点时（ ）

当计时器到达计时点时触发该事件。

计时器的方法分为
以下 3 个部分。

时间内容
时间内容解析
时间计算及换算

1 时间内容

求当前时间（）
获取当前的具体时间。

求系统时间（）
获取软件所在系统的具体时间。（经测试一般不可用。）

增加天数（时刻，数量）
增加时长（时刻，数量）
增加时数（时刻，数量）
增加分数（时刻，数量）
增加秒数（时刻，数量）
增加月数（时刻，数量）
增加年数（时刻，数量）
增加周数（时刻，数量）

以上方法用法类似，在此以"增加天数"方法举例说明：在参数时刻的基础上增加一定参数数量，时刻的日期将会增加相应的数量，假设当前时刻为 2019 年 4 月 17 日星期二，数量为 1 时，返回时刻为 2019 年 4 月 18 日星期三。

注意哦，我们通过以上方法返回的数据是一连串的文本，需要解析才能得到我们想要的内容。

2 时间内容解析

日期格式（时刻，格式）
将指定时刻以指定的日期格式表示出来，最小到日期，设定格式为
mmdd,yyyy，例如 0418，2019。

日期时间格式（时刻，格式）
将指定时刻以指定的完整时间格式表示出来，最小到秒，设定格
式 为 mm / dd / yyyy hh:mm:ss a，例 如 04 / 18 / 2019 09:50:00
上午。

求日期（时刻）
求小时（时刻）
求分钟（时刻）
求秒值（时刻）
求月份（时刻）
求星期（时刻）
求年份（时刻）
以上方法用法类似，此处以"求日期"方法举例说明。
返回某个时刻的日期号，例如 18。

求星期名（时间点）
求月份名（时间点）
以上方法返回的是名字，比如"求星期"方法返回的是 1 ~ 7 这 7
个数字中的一个，而"求星期名"返回的是星期一到星期日。

老师，达宝对日期时间格式不太懂呢。

日期时间格式

格式符号	含义	举例
yyyy	年份	2019
mm	月份（01-12）	04
dd	日期（01-31）	18
hh	小时（00-12）	09
mm	分钟（00-60）	50
ss	秒值（00-60）	00
a	上午或下午	上午

我们的"求星期"和"求星期名"的返回结果对应关系也需要注意！

星期名	星期一	星期二	星期三	星期四	星期五	星期六	星期日
星期	2	3	4	5	6	7	1

时间计算及换算

持续时间为秒（持续时间）
持续时间为分钟（持续时间）
持续时间为小时（持续时间）
持续时间为天（持续时间）
以上方法用法类似，都是时间换算的方法，参数持续时间的单位是毫秒，就是把毫秒数换算为其他的单位，比如持续时间为60 000，调用"持续时间为秒"方法返回60，调用"持续时间为分钟方法"返回1。

求持续时间（开始时刻，结束时刻）
两个时刻之间持续的时间长度，返回值的单位是毫秒。

实现达宝眨眼睛确实和计时器有关时间点的方法没有关系，但和计时器的计时功能密切相关，达宝，我们一起来实现这个功能吧!

 界面设计

 为屏幕设置背景（达宝的小屋子），将对齐方式均设置为居中。

 拖曳一个按钮到屏幕上命名为达宝，按钮图片设置为达宝睁眼的图片，宽高均为 200 像素。拖曳一个计时器到屏幕上，设置计时器的计时间隔为 200。

 代码设计

① 当达宝按钮被按压：将达宝按钮图片设置为达宝眯眼。

② 当计时器1开始计时：将达宝按钮图片设置为达宝睁眼。

滑动条由一个进度条和一个可拖动的滑块组成。滑块位置可以通过左右拖动来设定，拖动滑块将触发"位置变化"事件，并记录滑块位置。滑块位置可以动态更新其他组件的某些属性，如改变输入框中文字的大小或球的半径等。滑动条组件的图标是 ▊▊ 。

我们来看一下滑动条有哪些属性吧！

名词解释

滑动条是可以通过改变滑块的位置触发一系列事件的组件。

左侧颜色

滑块左侧进度条的颜色。

右侧颜色

滑块右侧进度条的颜色。

3　最大值

设置滑动条的最大值。改变最大值也会改变滑块在滑动条上的相对位置。

4　最小值

设置滑动条的最小值。改变最小值也会改变滑块在滑动条上的相对位置。

5　滑块位置

设置滑块在滑动条上的位置。如果位置值大于最大值，则位置值等于最大值；如果位置值小于最小值，则位置值等于最小值。

6　接受滑块

若被选中，则滑块可见并可以被拖动。

7　可见性

设定该组件在屏幕上是否可见，如果选择"可见"，则其值为真；如果选择"隐藏"，则其值为假。

滑动条没有相关的方法，只有一个事件。

位置被改变（滑块位置）：
当滑块在进度条上的位置被改变了，触发该事件。

这里总结一些滑动条常用的应用。

✓ 当作进度条使用。
✓ 通过人工改变滑块位置触发事件，比如改变字体、图片的大小。

了解完滑动条组件后，同学
们跟老师一起完成下面这个
小案例。
通过手动改变滑块位置，改
变图片的大小。

界面设计

⭐ 为屏幕设置背景（草地），将水平对齐方式设置为居中。

⭐ 把一个滑动条拖曳到屏幕上：宽度充满，最大值 1.0，最小值 0.0，滑块位置为 0.0；把一个标签（占位标签）拖曳到滑动条下方：高度 280；把一个图片组件拖曳到占位标签下方：宽高均为 2，设置好图片文件（达宝）。

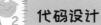
代码设计

滑块位置被改变事件：设置达宝的宽度和高度均为"200× 滑块位置"。

3.9 Web 浏览框的使用

老师，我最近在用手机上网学习编程课程，但每次都要通过网页把课程搜索出来，好麻烦呀，老师有什么妙招吗？

要解决这个问题其实非常简单，用我们的 App Inventor 中的 Web 浏览框组件就能轻松解决了。

名词解释

Web 浏览框是用于通过网址浏览网页的一个可视化组件。

Web 浏览框组件用于浏览网页，可以在设计或编程视图中设置默认的访问地址（URL），也可以设定视窗内的链接是否可以响应用户的单击而转到新的页面。Web 浏览框的图标是 ⬤。

下面，我们先来了解一下 Web 浏览框的属性都有哪些。

1 允许链接跳转

决定浏览框中的链接是否响应用户的单击，进而转到相应的页面。如果选中，则单击链接后将转向新页面，并可以使用后退及前进的方法来访问历史记录。

高度

Web 浏览框的高度设置。

宽度

设置滑动条的最大值。改变最大值也会改变滑块在滑动条上的相对位置。

首页地址

打开 Web 浏览框最先访问的网址。

忽略 SSL 错误

是否在请求网址发生请求响应错误时返回消息。

开启授权提示

如果选中，则用户在访问地理定位 API 时，将提示用户予以授权；如果不选中，则假设用户已经授权访问。

允许定位

是否允许应用使用 JavaScript 地理定位 API。此属性只能在设计视图中设定。

可见性

组件是否可见。

可否后退（）：
如果浏览框可以循历史记录返回，则返回值为真。

可否前进（）：
如果浏览框可以循历史记录前进，则返回值为真。

清除缓存（）：
清除浏览框历史记录、授权信息等内容。

清除位置信息（）：
清除浏览框存储的位置信息。

后退（）：
循历史记录后退一步．如果上一步不存在，则不动作。

前进（）：
循历史记录前进一步，如果下一步不存在，则不动作。

回首页（）：
加载首页，当首页的 URL 地址发生变化时，将自动加载页面。

访问网址（URL 网址）：
访问指定 URL 地址的网页。

这个组件真是太有用了！只要把自己需要的网址设定好就能直接访问了，老师快来教教我怎么设计开发。

接下来，我们就来做一个特别的 Web 浏览器吧，但有一点需要注意哦：我们的浏览器应用是不能通过手机返回键返回上一页的，只能通过前进和后退按钮前进或后退。

界面设计

 把一个 Web 浏览框拖曳到屏幕上，首页地址设为自己经常用的网址（比如：童程童美官网）。

把一个水平布局拖曳到 Web 浏览框下方：宽度充满，高度 40，对齐方式均为居中。把 3 个按钮拖曳到布局中（分别是后退、我的网址、前进），为 3 个按钮调整好宽高，添加图片，把两个标签（占位标签）拖曳到 3 个按钮之间，宽度 40。

代码设计

 当"我的网址"被点击时：执行让 Web 浏览框 1 返回首页。

 当"后退"被点击时：执行让 Web 浏览框 1 后退。

 当"前进"被点击时：执行让 Web 浏览框 1 前进。

　　到这里，我们的小案例就全部完
成了，你的成功了吗?

3.10 总结

本章的内容到这里已经全部介绍完了，我们学习了很多组件，同学们你们都学会了哪些组件？快来总结一下吧！

✓ 认识了 9 种组件，其中 4 种可视化组件，5 种非可视化组件。
✓ 了解了这些组件的属性、事件及方法。
✓ 学会了用这些组件完成一些小案例。

66 第4章
条件判断和
变量 99

细心的同学一定能发现，我们在进行代码设计的时候，代码块面板中有很多的内置块，它们都是用来干什么的呢？从本章开始，我们就来认识认识这些代码块，并且来做一些更有趣的案例！

太好了！达宝学会了就可以做很多好玩的应用了！

4.1 条件、逻辑判断

4.1.1 条件控制块

如果明天下雨，我就带雨伞。

在这节的前半部分，老师给大家讲一讲条件控制块，大家能用"如果"造句吗？

在生活中，我们会用到很多条件语句，比如："如果今天我不写作业，那么明天老师会批评我。"或者"如果我考试得了 100 分，妈妈会夸奖我；如果我得了 90 分，妈妈会鼓励我；否则妈妈会批评我。"这些生活当中的例子也可以用程序来表示。

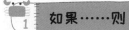

按"如果……则"进行条件测试：如果测试结果为真，则按顺序执行"则"右边的代码块；否则跳过这些代码块。

按"如果……则……否则"进行条件测试，如果测试结果为真，则按顺序执行"则"右边的代码块；否则，按顺序执行"否则"右边的代码块。

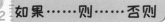

按"如果……则……否则，如果……则……否则"进行条件测试。如果测试结果为真，则按顺序执行第一个"则"右边的代码块；否则做下一步的条件测试"否则，如果"：如果测试结果为真，则按顺序执行第二个"则"右边的代码块，否则按顺序执行最后一个"否则"右边的代码块。

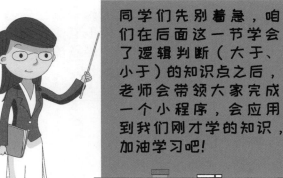
同学们先别着急，咱们在后面这一节学会了逻辑判断（大于、小于）的知识点之后，老师会带领大家完成一个小程序，会应用到我们刚才学的知识，加油学习吧!

老师，条件控制块的基本知识都学会了，但是还不怎么会用呢!

4.1.2 逻辑判断

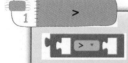

　　测试左边的值是否大于右边的值，并返回真或假。

　　测试左边的值是否小于右边的值，并返回真或假。

名词解释

逻辑是指条件与结论之间的关系，因此逻辑运算是指对因果关系进行分析的一种运算。逻辑运算的结果并不表示数值大小，而是表示一种逻辑概念，若成立，则用真表示；若不成立，则用假表示。

通过这节的学习，我们学会了条件代码块和">""<"的逻辑判断。咱们用学到的知识来做一个"和达宝比年龄"的小程序吧!

"和达宝比年龄"小程序功能：

首先，设定输入框，我们可以在输入框中输入自己的年龄。

增加"确定"按钮，这样当我们单击"确定"按钮时，我们就可以将自己的年龄和达宝的年龄做比较了。

当达宝的年龄比我们大，或者小的时候，会在达宝的顶端通过标签显示出来。

1

首先，我们需要搭建"和达宝比年龄"小程序的界面。我们用标签、输入框和按钮来组成界面，界面的效果如下图所示。

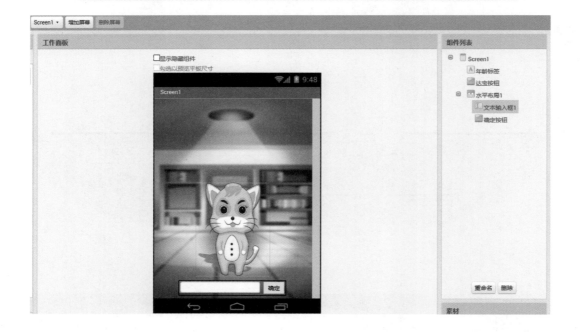

2

其次，我们需要定义两个变量以存储"我的年龄"和"达宝年龄"。

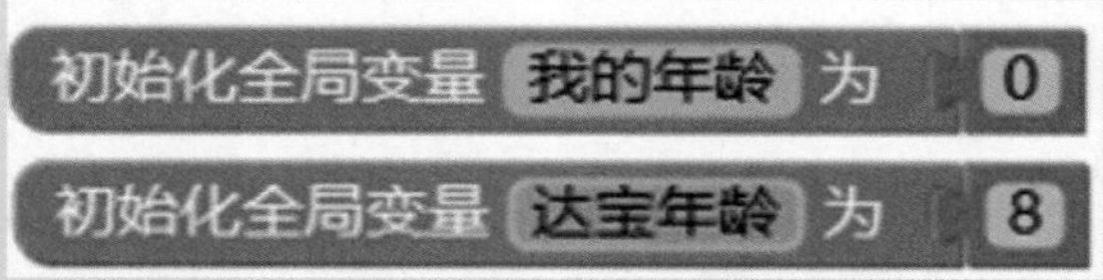

初始化全局变量 我的年龄 为 0

初始化全局变量 达宝年龄 为 8

3

最后，为我们的“确定”按钮添加点击事件。

在点击事件中，我们需要获取输入框输入的内容。

这里我们需要判断输入的内容是不是为空。如果输入的内容是“0”，就证明输入框的内容为空，此时，我们在标签中写入相应的提示信息。然后，在不为空的条件下利用“ > ”和“ < ”的逻辑判断来判断达宝的年龄和自己的年龄的大小关系。在判断的过程中，我们用到了刚学的条件判断语句。具体的代码块如下图所示。

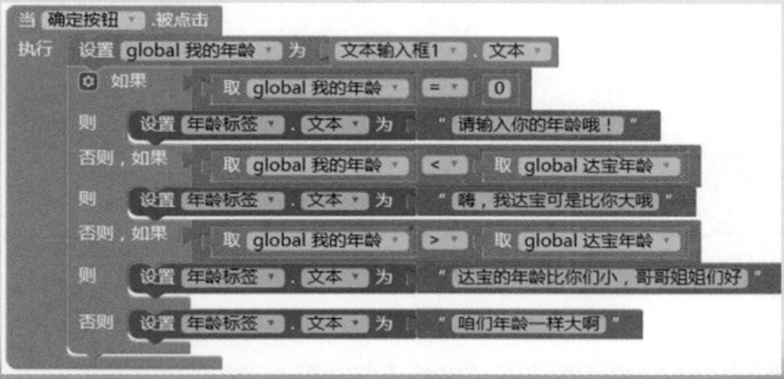

当 确定按钮 .被点击
执行 设置 global 我的年龄 为 文本输入框1 . 文本
如果 取 global 我的年龄 = 0
则 设置 年龄标签 . 文本 为 “ 请输入你的年龄哦！ ”
否则，如果 取 global 我的年龄 < 取 global 达宝年龄
则 设置 年龄标签 . 文本 为 “ 嗨，我达宝可是比你大哦 ”
否则，如果 取 global 我的年龄 > 取 global 达宝年龄
则 设置 年龄标签 . 文本 为 “ 达宝的年龄比你们小，哥哥姐姐们好 ”
否则 设置 年龄标签 . 文本 为 “ 咱们年龄一样大啊 ”

4

好，我们通过以上的代码块拼接就能实现“和达宝比年龄”小程序了，大家完成后可以在自己的手机上调试运行，来和达宝比比谁的年龄大吧！

下午2:29
0.61K/s
53%
Screen1
达宝的年龄比你们小，哥哥姐姐们好
16
确定

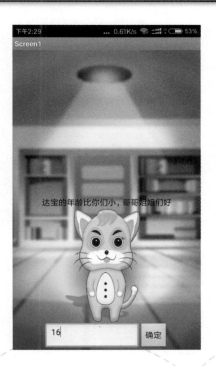

4.2 数字运算

咱们今天讲在 App Inventor 中运用 " + " " - " " × " " / " 、随机数和 " = " 的一些数字运算。

老师，今天制作的小程序是不是很有意思呢？

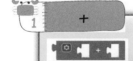

1 +

做加法运算，通过单击蓝标 增添加数，使其扩展为任意多个数值的连加运算。其中的加数可以是基本数字块，也可以是列表的长度、数值型变量的值等。

2 −

做减法运算。

3 ×

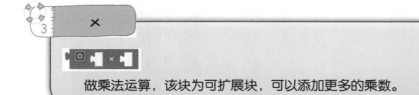

做乘法运算，该块为可扩展块，可以添加更多的乘数。

做除法运算。

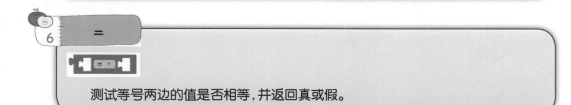

返回给定的两个值之间（包括两个值）的随机整数，与两个值的顺序无关。

测试等号两边的值是否相等，并返回真或假。

通过这节课的学习，我们学会了加减乘除运算、随机数方法的使用以及等号的运算。咱们用学到的知识来做一个"计算器"小程序吧！

"计算器"小程序功能

首先，我们需要先摆控件，然后计算我们输入的两个值的加减乘除运算。此时，我们可以将加减乘除的运算放到下拉列表中实现。单击等号的按钮，可以在右边的结果框中显示计算的结果，并且可在达宝的上方显示当前是哪种运算。我们还可以通过单击达宝，来产生一个1～20的随机整数，并且显示到达宝的上方。

1

首先，我们来搭建计算器小程序的界面，我们的界面中主要用到了按钮、标签、文本显示框、下拉框的组件。界面的效果如下图所示。

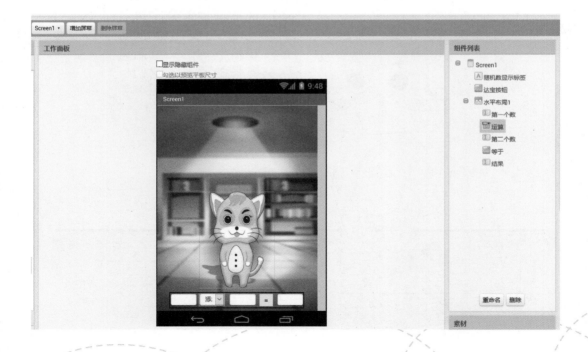

下拉框拓展

1、下拉框的图标如下图所示。

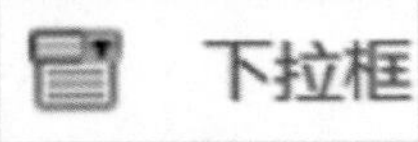

2、下拉框的选项可以在右侧的组件属性中的"元素字符串"中设置，设置的格式是（选项1，选项2，选项3），每个选项间用"，"隔开。

3、可以通过如下代码块来获取选中的选项内容。

　　运算 ▾ ． 选中项 ▾

4、更多的下拉框内容，我们会在以后详细介绍，现在只介绍计算器小程序中会用到的知识点。

2

　　我们给达宝按钮添加一个点击事件，并且通过 4.2 节中学习的产生随机数的方法产生一个随机数，显示在达宝上方的标签中。具体代码块的拼接如下图所示。

当 达宝按钮 ▾ .被点击
执行　设置 随机数显示标签 ▾ ． 文本 ▾ 为　　合并字符串　　"产生的随机数为："
　　　　　　　　　　　　　　　　　　　　　　　随机整数从　1　到　20

3

　　如果下拉框选中的是加法运算，试着进行运算，并且将运算结果显示在结果的文本框中。首先，我们需要用到条件的代码块，然后获取下拉框中的运算方式，并进行运算。详细代码块的拼接如下图所示。

☒ 当 等于 ▾ .被点击
执行　　如果　　　运算 ▾ ． 选中项 ▾ ＝ "＋"
　　　　则　设置 结果 ▾ ． 文本 ▾ 为　　第一个数 ▾ ． 文本 ▾ ＋ 第二个数 ▾ ． 文本 ▾

4

我们运算的时候需要将运算方式显示到达宝上面的标签中，具体的代码块实现如下图所示。

设置 随机数显示标签 ▾ . 文本 ▾ 为 " 当前的运算为加法 "

5

同理，进行减、乘、除运算时，也是这样实现代码块的拼接，我们用条件代码块将其链接在一起，添加到"等于"按钮的点击事件即可，详细代码块的拼接如下图所示。

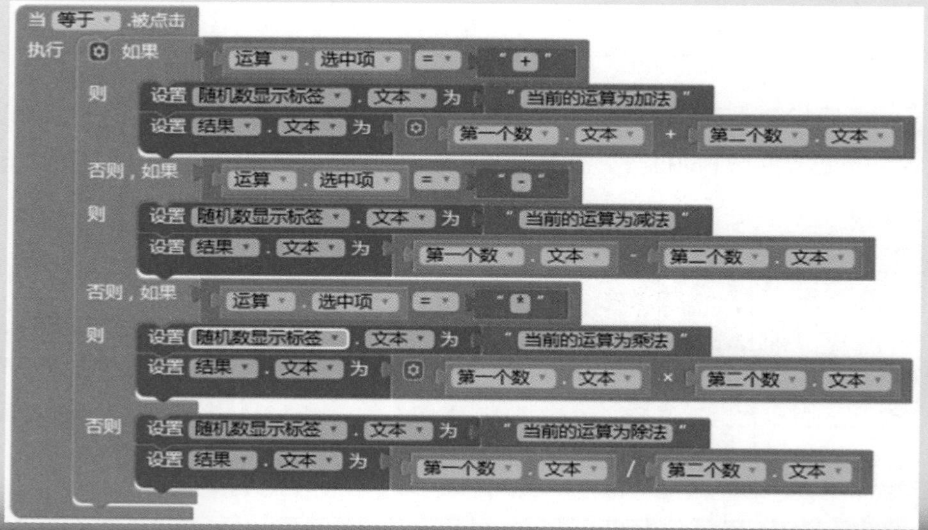

当 等于 ▾ .被点击
执行   如果   运算 ▾ . 选中项 ▾   = ▾   " + "
        则   设置 随机数显示标签 ▾ . 文本 ▾ 为   " 当前的运算为加法 "
              设置 结果 ▾ . 文本 ▾ 为   第一个数 ▾ . 文本 ▾ + 第二个数 ▾ . 文本 ▾
        否则，如果   运算 ▾ . 选中项 ▾   = ▾   " - "
        则   设置 随机数显示标签 ▾ . 文本 ▾ 为   " 当前的运算为减法 "
              设置 结果 ▾ . 文本 ▾ 为   第一个数 ▾ . 文本 ▾ - 第二个数 ▾ . 文本 ▾
        否则，如果   运算 ▾ . 选中项 ▾   = ▾   " * "
        则   设置 随机数显示标签 ▾ . 文本 ▾ 为   " 当前的运算为乘法 "
              设置 结果 ▾ . 文本 ▾ 为   第一个数 ▾ . 文本 ▾ × 第二个数 ▾ . 文本 ▾
        否则   设置 随机数显示标签 ▾ . 文本 ▾ 为   " 当前的运算为除法 "
              设置 结果 ▾ . 文本 ▾ 为   第一个数 ▾ . 文本 ▾ / 第二个数 ▾ . 文本 ▾

6

通过以上代码块的拼接，我们的计算器小程序就完成了，大家可以调试运行一下，它能实现很多运算。这节课我们主要学习了加减乘除的运算、产生随机数的方法，以及等号的使用。其实，我们还可以扩展更多运算，这样计算器的小程序功能就更加强大了，大家一定要好好学习！

4.3 全局变量和逻辑运算

4.3.1 全局变量

老师，什么是变量呢？全局变量和局部变量的区别是什么呢？

今天，老师给大家讲"变量"。变量分为全局变量和局部变量。

变量其实就是存储数字和字符串的容器。我们在获取到某个结果以后，为了方便使用这个结果，可以创建一个变量，将这个结果赋值给这个变量。

名词解释

变量就是计算机语言中能存储计算结果的或能表示值的抽象概念。变量可以通过变量名访问。在程序中，变量通常是可变的。

1 全局变量的定义

全局变量是用来存储数字和字符串的容器。全局变量可以在程序的任何地方创建，可以在程序中的任何地方引用。

2 初始化全局变量

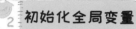
初始化全局变量 变量名 为

该块用来创建全局变量，可以接受任何类型的值。"变量名"就是用来定义变量的名称。我们可以更改其名称为其他的内容。我们在任何时候都可以对变量进行重命名，所有引用过该变量原有名称的代码块将自动更新。

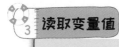

3 读取变量值

取

使用该代码块可以获取定义过的任何变量的值。

4 设置变量值

设置 为

该代码块与读取变量值的代码块遵循同样的规则，只有全局变量会出现在设置变量值代码块的下拉列表中。一旦从下拉列表中选择了一个变量，就可以用新的代码块为该变量赋值。

4.3.2　“与、或”逻辑运算

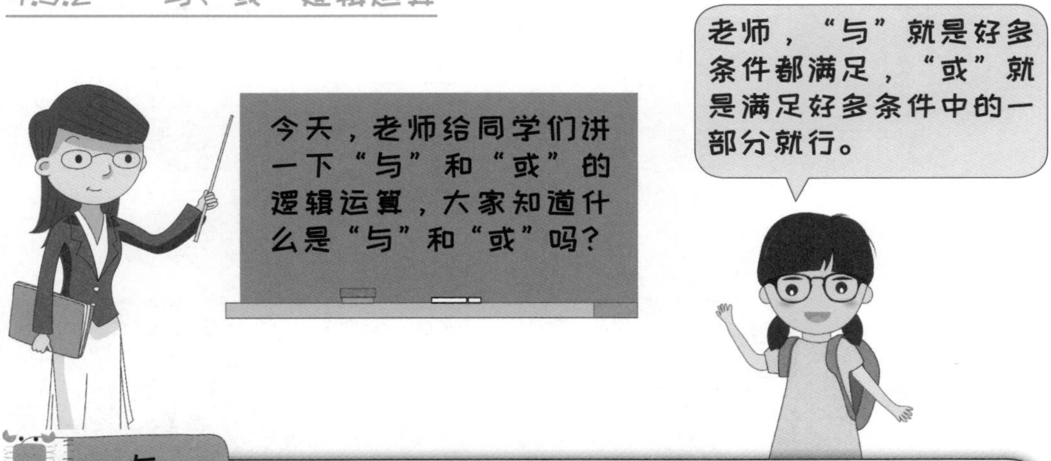
今天，老师给同学们讲一下“与”和“或”的逻辑运算，大家知道什么是“与”和“或”吗？
老师，“与”就是好多条件都满足，“或”就是满足好多条件中的一部分就行。

1 与

与

测试两个逻辑表达式的值是否都为真。仅当两者都为真时，返回值为真；只要其中一个为假，则返回值为假。

2 或

或

测试两个逻辑表达式的值中是否有一个为真。只要有一个为真，则返回值为真。

4.3.3　大显身手

Hello，小朋友。

通过这一章的学习，大家是不是对全局变量和逻辑运算充分掌握了呢？

现在，让我们通过完成一个增强达宝免疫力的小程序，来练习全局变量和逻辑运算的相关知识。

免疫力小程序功能：

单击苹果按钮，代表让达宝吃了一个苹果，此时再单击达宝，达宝的免疫力会增加10，并在达宝上方显示。

单击梨按钮，代表达宝吃了一个梨，此时单击达宝，也会让达宝的免疫力增加10，并在达宝上方显示。

当我们既让达宝吃了苹果，又让达宝吃了梨，则达宝的免疫力增加20，并在上方显示。

1

首先，我们需要搭建免疫力小程序的界面，通过水平布局和垂直布局以及占位标签和按钮组成我们的免疫力小程序的界面。界面效果如下图所示。

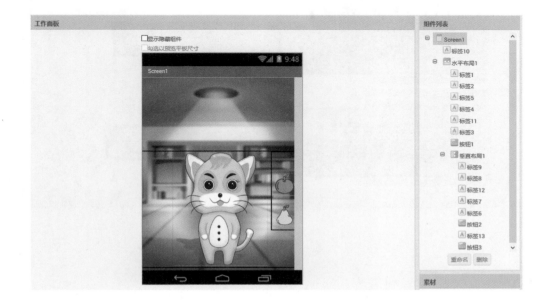

2

接着，我们要初始化两个全局变量——"苹果"和"梨"，用来表示达宝是否吃了苹果和梨。在这里，我们用"0"表示没有吃，用"1"表示吃了。在我们初始化定义的时候，由于没有单击苹果和梨的按钮，表明达宝没有吃苹果和梨，所以变量的值为"0"。

初始化全局变量 苹果 为 0

初始化全局变量 梨 为 0

3

现在，我们为"苹果"按钮和"梨"按钮增添按钮点击事件。为了看出触发的效果是否明显，我们在完成单击按钮的动作后，用标签显示其单击的内容以及我们定义的变量是否从"0"变成了"1"。

当 梨按钮 ▼ .被点击
执行　设置 global 梨 ▼ 为 （1）
　　　设置 标签13 ▼ . 文本 ▼ 为 　⚙ 合并字符串 　" 吃了梨："
　　　　　　　　　　　　　　　　　　　　　　　　　取 global 梨 ▼
　　　设置 标签10 ▼ . 文本 ▼ 为 　" "

当 苹果按钮 ▼ .被点击
执行　设置 global 苹果 ▼ 为 （1）
　　　设置 标签12 ▼ . 文本 ▼ 为 　⚙ 合并字符串 　" 吃了苹果："
　　　　　　　　　　　　　　　　　　　　　　　　　取 global 苹果 ▼
　　　设置 标签10 ▼ . 文本 ▼ 为 　" "

4

为了让达宝的免疫力能够增加，我们需要再定义一个名为"免疫力"的全局变量，以记录达宝的免疫力数值，并且令其能够显示在达宝头上的标签中。

初始化全局变量 免疫力 为 （0）

5

单击达宝,让达宝的免疫力增加并且显示我们需要为"达宝"按钮添加点击事件。接着,通过判断语句去判断达宝的免疫力增加多少。

为了实现这一功能。首先,我们需要获取"苹果"变量和"梨"变量的值,如果两者中有一个值为"1",就意味着达宝只吃了一种水果,这样达宝的免疫力就增加 10。

其次,如果获取的"苹果"变量和"梨"变量的值都为"1",就意味着达宝吃掉了两种水果,这样,达宝的免疫力就增加 20。

当变量"免疫力"的值发生了改变,我们需要对定义的变量全部清空,重新计算其值和免疫力。具体代码如下图所示。

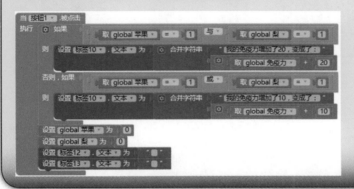

6

通过上面的代码块,我们的"免疫力"小程序就做完了。在这个程序里,我们用到了全局变量、"或"和"与"的逻辑运算,小朋友们掌握了吗?

大家将程序安装到自己的手机上,试着运行程序来增强达宝的免疫力吧!

4.4 局部变量

咱们之前学过了"全局变量"，接下来，老师给大家讲讲什么是"局部变量"。

"局部变量"和"全局变量"有什么不一样的地方吗？

1 局部变量的定义

局部变量是用来存储数字和字符串的容器。局部变量只能在程序的特定函数或者过程中被使用。

2 初始化局部变量

```
⚙ 初始化局部变量 变量名 为
作用范围
```

该代码块是一个可扩展块。在过程或事件处理函数中，该块用于创建一个或多个只在局部有效的变量，因此每当过程或事件处理函数开始运行时，这些变量都被赋予同样的初始值。注意：这个代码块不同于下面将要讲到的代码块，它的功能是执行一系列指令（语句），因此该代码块内提供了插入指令块的空间。

你可以在任何时候修改该代码块中的变量名，程序中那些引用了该变量旧名称的代码块将会自动更新。

3 初始化局部变量（返回结果）

> ⚙ 初始化局部变量 变量名 为
> 作用范围

　　该代码块是一个可扩展块，仅适用于在有返回值的过程块中创建一个或多个局部有效的变量，因此每当过程开始运行时，这些变量都被赋予同样的初始值。注意：该代码块不同于上面讲到的执行指令块，这是一个有返回值的代码块，只能插入表达式，而表达式是有返回值的，因此该代码块提供了插入表达式的插槽。

　　你可以随时修改该块中的变量名，程序中那些引用了该变量旧名称的代码块将会自动更新。

通过这节的学习，我们学会了局部变量的使用。
咱们用学到的知识来做一个"认识变量"小程序吧！

"认识变量" 小程序功能

首先，单击"全局"按钮，会产生一个1～100的随机数，让变量的值和变量的内容显示在达宝的头顶上方。单击"局部"变量，产生一个1～100的随机数，让变量的值和变量的内容显示在达宝的头顶上方。

通过这个"认识变量"小程序，我们可以创建全局变量和局部变量，并明白其真正的含义和使用方法。

1

　　首先，我们需要搭建"认识变量"小程序的界面。我们通过水平布局、标签、按钮等组件组成这个小程序的界面，界面效果如下图所示。

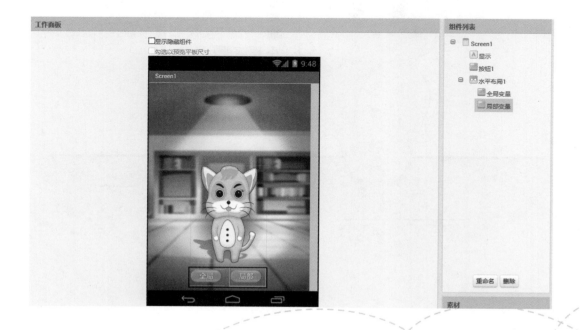

2

其次，我们要定义一个全局变量，用来接收随机产生 1 ~ 100 的随机数。代码块如下图所示。

3

接下来，我们需要定义"全局变量"按钮的点击事件，通过单击"全局变量"按钮随机产生 1 ~ 100 的随机数，并且显示在达宝的头顶上方。具体代码块拼接如下图所示。

4

现在，我们需要先添加"局部变量"按钮的点击事件，然后定义一个局部变量，并且设置局部变量的初始值为 0。然后，拖动代码块实现随机生成 1 ~ 100 的随机数并且显示的功能。具体的代码块拼接如下图所示。

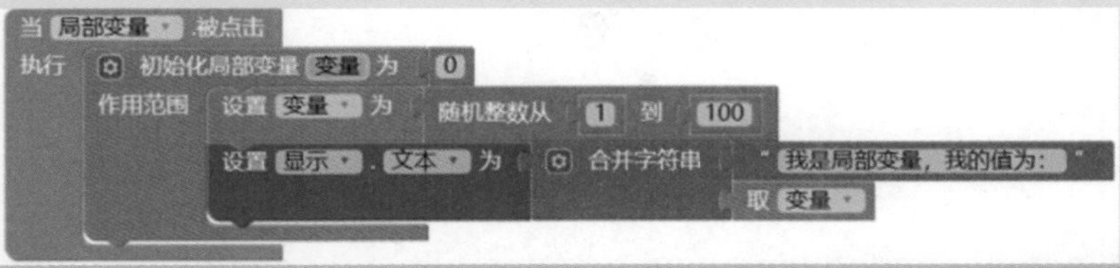

5

通过以上 4 步操作，我们的"认识变量"小程序就完成了，在这个程序里面，我们用到了全局变量、局部变量，以及产生随机数的代码块。小朋友们掌握了吗？

大家将程序安装到自己的手机上，试着运行程序来观察全局变量和局部变量的不同吧！

4.5 | 总结

通过这一章的学习，大家学到什么了呢？

✓ 学会了逻辑运算符的使用，比如：大于、小于、等于、与、或、非。
✓ 学会了使用条件判断写程序。
✓ 学会了在 App Inventor 中使用数学运算做加减乘除。
✓ 还了解了变量的定义以及局部变量和全局变量的定义。
✓ 通过做一些小程序，学会了随机数的产生和使用，还学会了系统地制作小程序的经验和方法。

第5章

列表

5.1　列表的创建

老师，什么是列表呀？

今天，老师带大家一起学习一下列表的创建吧！

在生活中，我们经常用到列表。其实，列表很容易理解，它就像学校中的课程表，以及我们经常在学校里看到的班级值日表、成绩表等，这些其实在一定程度上就是列表。列表就是按照相应的要求存放数据的容器。

名词解释

列表是一种由数据项构成的有限序列，即按照一定的线性顺序，排列而形成的数据项的集合。
在这种数据结构上进行的基本操作包括：对元素的查找、插入和删除。

创建空列表

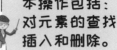
⚙ 创建空列表

创建一个没有任何元素的空列表。

在 App Inventor 中，遍历列表没有专门的代码块去实现，需要我们通过使用控制代码块循环来依次取出每一项的内容，然后将它们追加到一个变量里面显示出来。

步骤一

首先，想要遍历列表则需要先定义好列表。所以，我们遍历的时候需要用一个条件代码块去判断我们定义的列表是否存在，只有在列表存在的情况下才可以去遍历。当列表不存在的时候，我们应该提醒用户先创建列表。具体的实现代码如下图所示。

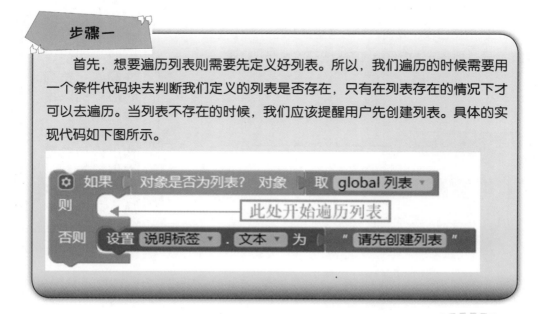

步骤二

我们在遍历列表时需要循环去取每一项的值，然后依次追加到每一项中去。具体的实现过程如下图所示。

步骤三

将以上两个步骤的代码块拼接到一起，就可以实现遍历列表显示的过程了，这时候我们只需要将变量读出来，就可以拿到列表中的所有值了。整体的实现代码如下图所示。

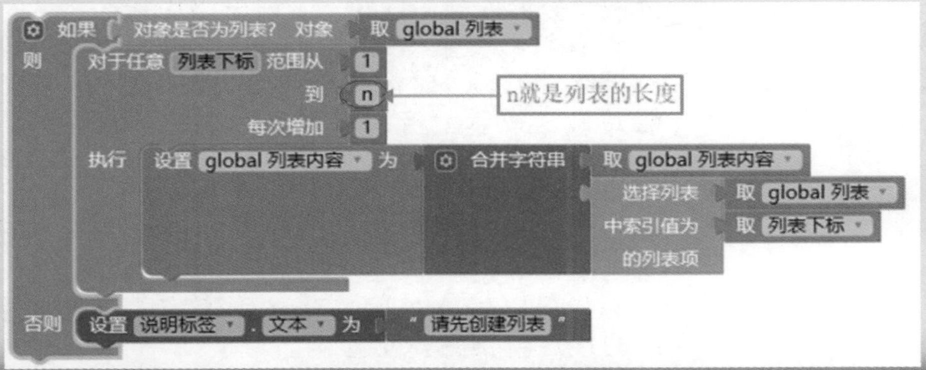

通过这节课的学习，大家明白了如何去遍历列表吧？大家既然会创建、添加、遍历列表了，我们来做一个创建班级名册的小程序吧！

"创建班级名册" 小程序功能：

首先，单击"创建班级名册"按钮，就会创建一个列表，并在达宝的上方做出显示。

单击"查询人数"按钮，会显示当前班级的人数，或者是数据列表现在已经有多少项内容了。此时我们需要判断：如果没有创建列表，单击该按钮，需要做出提示，告诉使用者我们先要创建班级列表，然后才可以显示列表中有多少个同学。同时显示我们操作的内容。

单击"显示姓名"按钮，可以在达宝的上方显示出当前班级的同学姓名。

我们也可以输入姓名并添加到班级的名册当中，同时在达宝上方做出显示。

1

完成"创建班级名册"小程序前，我们需要先设计界面，界面的效果如下图所示。

2

我们先来实现"创建班级名册"按钮的功能。

该功能就是创建列表的功能，我们通过单击按钮来创建一个列表，并且用一个变量去接收列表。同时，将我们创建列表的过程显示在达宝的上方。具体的代码如下图所示。

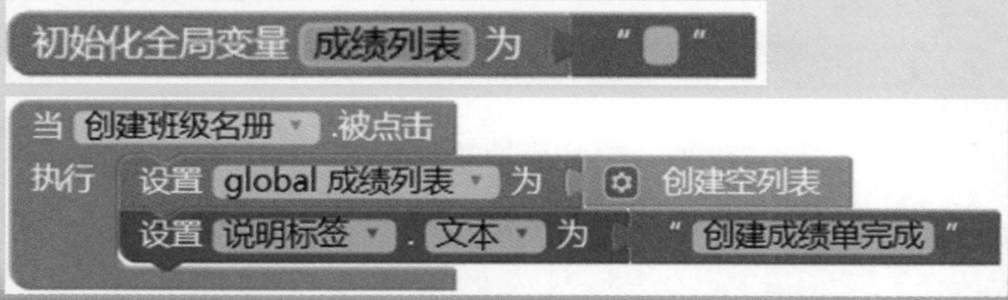

3

当我们完成"创建班级名册"按钮的功能之后，就可以接着完成"查询人数"按钮的功能。该功能其实就是求列表的长度。在我们求列表长度之前，首先需要确保列表存在，只有在列表存在的基础上，我们才能求列表的长度。所以，我们需要用条件代码块去判断列表是否存在，如果不存在，提醒用户先建立列表。具体代码的实现如下图所示。

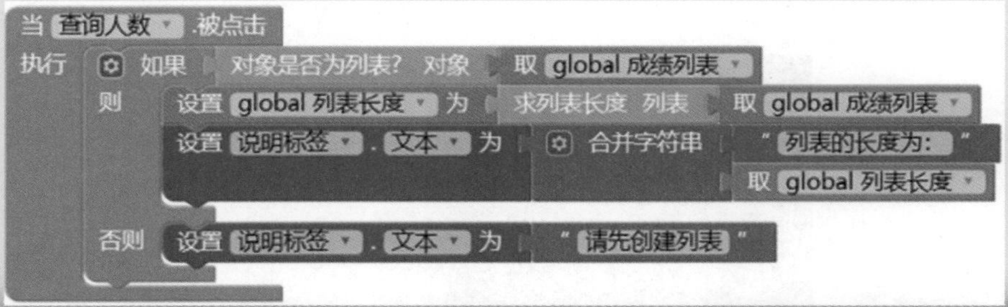

```
当 查询人数 .被点击
执行   如果    对象是否为列表? 对象     取 global 成绩列表
      则    设置 global 列表长度 为    求列表长度 列表    取 global 成绩列表
            设置 说明标签 . 文本 为     合并字符串    " 列表的长度为: "
                                                取 global 列表长度
      否则  设置 说明标签 . 文本 为    " 请先创建列表 "
```

4

添加完"查询人数"按钮的功能之后，我们接下来完成在列表中添加元素的功能。当我们在文本框中输入名字之后，单击"添加"按钮就能添加到列表当中，然后在达宝的上方显示添加成功的信息。具体代码块的拼接如下图所示。

```
当 添加 .被点击
执行   如果    对象是否为列表? 对象     取 global 成绩列表
      则      如果    姓名输入 . 文本  =  " "
              则    设置 说明标签 . 文本 为    " 输入的姓名不能为空 "
              否则    追加列表项 列表    取 global 成绩列表
                          item     合并字符串    姓名输入 . 文本
                                                " 、 "
                    设置 说明标签 . 文本 为    " 添加姓名完成 "
      否则  设置 说明标签 . 文本 为    " 请先创建列表 "
```

5

现在，我们既能创建列表，又可以查询列表的长度，还可以给列表添加内容了，接下来就让我们一起实现显示列表内容。将我们添加进去的所有班级和同学的姓名在达宝的上方进行显示。具体代码如下图所示。

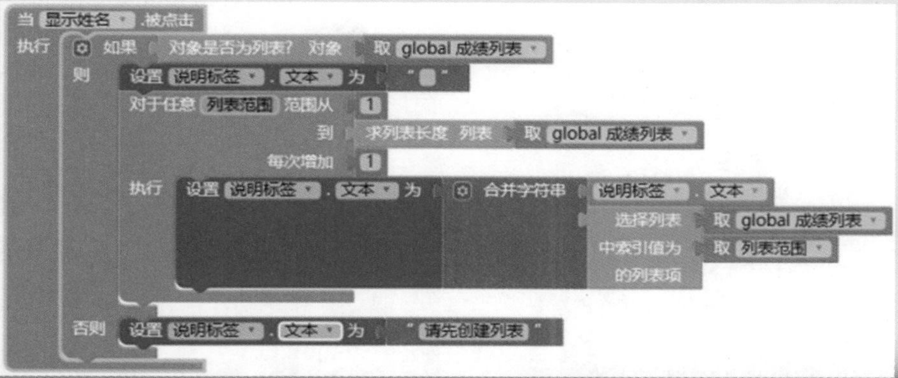

当 显示姓名 .被点击
执行
如果 对象是否为列表？ 对象 取 global 成绩列表
则
设置 说明标签 . 文本 为 " "
对于任意 列表范围 范围从 1
到 求列表长度 列表 取 global 成绩列表
每次增加 1
执行 设置 说明标签 . 文本 为 合并字符串 说明标签 . 文本
选择列表 取 global 成绩列表
中索引值为 取 列表范围
的列表项
否则 设置 说明标签 . 文本 为 " 请先创建列表 "

6

经过以上几步代码块的拼接，“创建班级名册”小程序就完成了，这个小程序教会了我们如何创建列表、追加列表信息、查询列表长度，以及遍历列表，同时我们用到了条件和循环的代码块去判断满足的条件，大家都学会了吗？

下午5:47
... 0.19K/s
66%
Screen1
张三、李四、王五、赵六
创建班级名册
查询人数
显示姓名
姓名
请输入姓名
添加

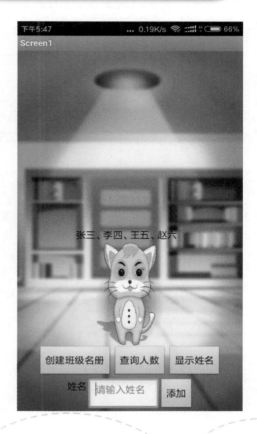

5.3 使用列表中指定索引值的列表项

老师，这是指从列表中选取某一个内容吗？

通过上节的学习，我们学会了创建、添加、遍历列表。那么，我们能从列表中选我们想要的值吗？

1 | 随机选取列表项

随机选取列表项 列表

从列表中随机选取一项。

2 | 选取指定列表项

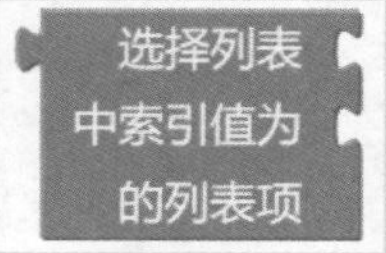

选择列表
中索引值为
的列表项

从列表中选取给定索引值的列表项。索引值从 1 开始。

通过这节内容的学习，大家是不是也可以随机从列表中选取值了呢？现在，大家就把我们完成的"创建班级名册"小程序功能再完善一下吧！

"创建班级名册"小程序功能：

添加一个文本框和"选取"按钮。
通过在文本框中输入想要获取的内容的位置，然后单击"选取"按钮，就可以选出相应位置的内容，并显示在达宝上方。

1

首先，在"创建班级名册"小程序的界面上添加文本组件和按钮组件。具体界面如下图所示。

2

添加完组件之后，我们来完成按钮组件的功能。

在我们想要选取列表的内容前，我们首先需要判断输入的索引值是否为空，如果为空，我们需要做出判断。

其次，如果输入的内容超出了列表的范围，我们也要做出提醒，请用户输入正确的内容。具体代码块的拼接如下图所示。

通过前面几节的内容，我们知道了什么是列表，那什么是双列表呢？顾名思义，双列表就是由多个列表嵌套组成的列表。那么，我们为什么要学习双列表呢？在日常生活中，如果老师想让学生做一个班级的成绩表，则一定需要有姓名和成绩来对应吧。那么，使用一个列表能实现这个功能吗？如果只有一个列表，里面既存姓名，又存储成绩，会导致数据变得混乱。那么，双列表能解决这个问题吗？

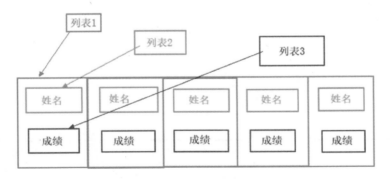

上图所示的姓名和成绩存储起来是不是很直观呢？大家观察一下，列表1中是不是包含了列表2和列表3呢？列表2是用来存储姓名的，列表3是用来存储成绩的，这两个列表一起存储在列表1的第一个元素当中，这种嵌套的形式在生活中是不是很常用？

双列表

　　双列表就是在创建了一个列表的基础上嵌套，再次创建列表的过程。详细的代码块拼接方式如下图所示。

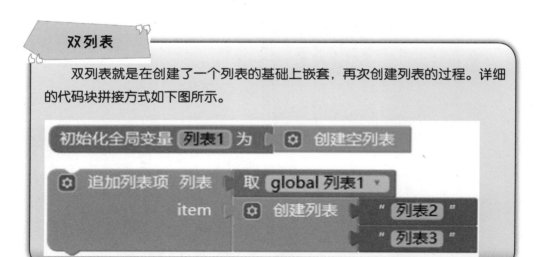

在这节课上，我们熟悉了双列表的一些内容，为了更好地掌握它，我们来做一个"创建班级成绩"小程序吧！

"创建班级成绩"小程序功能：

- 单击"创建成绩表"按钮可以创建成绩列表，并将该动作显示在达宝的上方。
- 单击"查看学生数目"按钮可以显示出列表的长度，并且显示在达宝的上方。
- 单击"添加"按钮可以添加给定的姓名和成绩的相关信息到列表中。
- 单击"查看学生成绩"按钮可以通过遍历列表将班级学生的姓名和成绩显示在达宝的上方。

1

　　我们先来搭建"创建班级成绩"小程序界面，这个界面类似于我们之前完成的"创建班级名册"小程序，用到了按钮组件、标签组件、文本组件和布局组件，具体界面的效果如下图所示。

2

　　搭建完界面之后，我们来完成"创建成绩表"按钮的相关功能。创建成绩表的功能类似于之前创建班级名册的功能，实质上就是创建列表。代码块的拼接如下图所示。

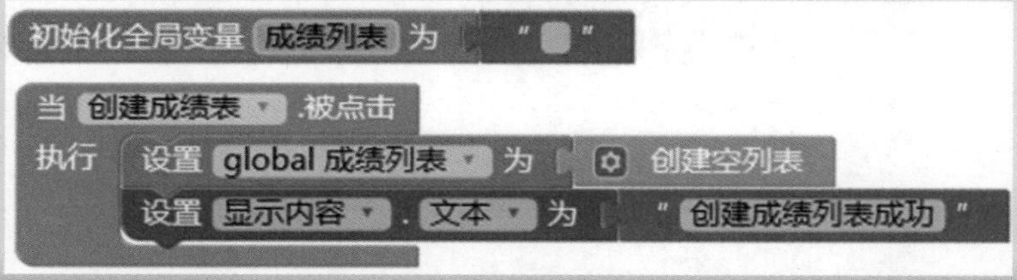

3

　　接下来，我们来完成"查看学生数目"按钮的相关功能，这个功能其实就是求列表的长度。与"创建班级名册"小程序中"查询人数"的功能类似，具体的代码块拼接如下图所示。

4

　　现在，我们来完成添加学生姓名和对应成绩的相关功能。注意：这里我们用到了双列表的相关知识。在完成相关的添加内容之前，我们要先判断列表是否存在，想要添加的姓名和成绩是否为空，如果内容不符合要求，我们要做出相关的提示信息。具体的代码块拼接如下图所示。

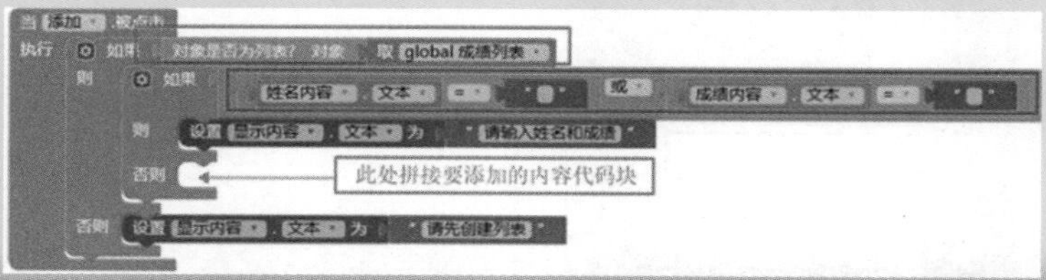

5

在检测条件都符合的情况下,我们就可以添加内容了,详细代码块的拼接如下图所示。

6

我们将第 4 步、第 5 步的完整代码拼接在一起,如下图所示。

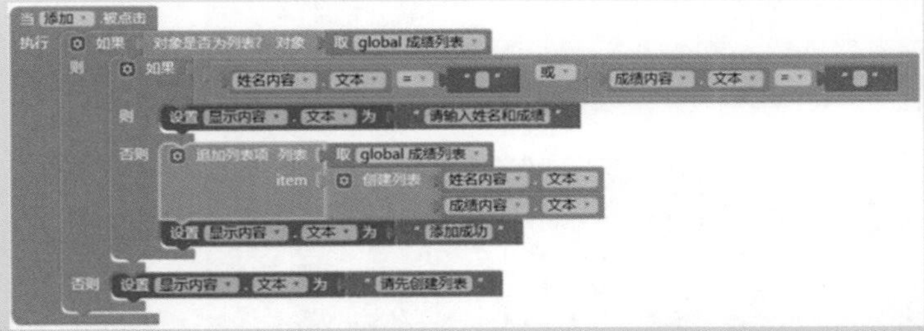

7

"查看学生成绩"按钮的功能的实现同样需要先判断列表是否存在。在列表存在的基础上,我们用学到的遍历列表的方式将列表中的每项值都追加到标签中,去读取。具体的代码块拼接如下图所示。

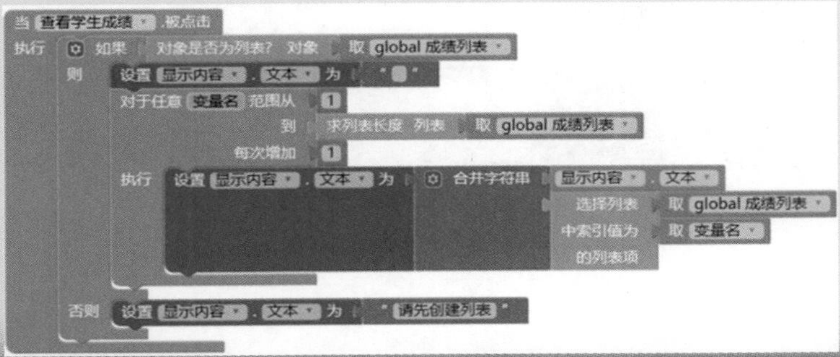

8

将以上代码块组合在一起，我们就完成了"创建班级成绩"小程序。在这个项目中，我们用到了双列表的知识，用到了求列表长度的代码块，也进一步熟悉了遍历列表的方法。大家学会了吗？一起尝试着玩玩吧！

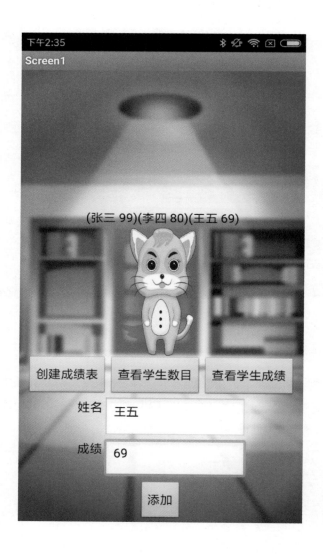

5.5 总结

在这一章的最后，我们再学习一些补充内容，大家可以好好看看，加油！

1 列表是否包含

检查列表中是否含对象

如果给定的数据是一个列表项，则返回值为真，否则为假。注意：如果列表包含子列表，则子列表中的元素本身不是外层列表元素。例如，列表（1 2 (3 4)）中包含元素 1、2 以及子列表 (3 4)，但 3、4 本身不是列表（1 2 (3 4)）的元素。

2 随机选取列表项

随机选取列表项 列表

从列表中随机选取一项。

3　求列表项索引值

求对象
在列表
中的位置

返回某项在列表中的位置。如果该项不在列表中，则返回值为 0。

4　替换列表项

将列表
中索引值为
的列表项替换为

在指定位置（索引值）向列表中插入替换项，并将原来该位置的项删除。

5　删除列表项

删除列表
中第
项

删除指定位置（索引值）的列表项。

6　追加列表项

将列表
中所有项追加到列表
中

在第一个列表的末尾添加包含给定列表项的第二个列表。

7　复制列表

复制列表 列表

创建列表的副本，包括其中的所有子列表。

8　是否为列表

> 对象是否为列表？　对象

如果某数据是一个列表，则返回值为真，否则为假。

 9　列表转 CSV 行

> 列表转换为CSV行　列表

将列表当作表格中的一行，并返回该行的 CSV(逗号分隔值) 文本。在行列表中的每一项都被当作一个字段，并用双引号包围写入 CSV 文本，各项之间以逗号分隔。返回的行文本的末尾处没有换行符。

 10　列表转 CSV 表

> 列表转换为CSV表　列表

将列表按照行优先的方式解释成一个表格，并返回该表格的 CSV 文本。列表中的每一项本身也是一个列表，在 CSV 表格中表示为一行。在行列表中的每一项代表一个字段，并用双引号包围着写入 CSV 文本。在最终返回的文本中，行内的项之间用逗号分隔，而行与行之间用 CRLF (\r\n) 分隔。

 11　CSV 表转为列表

> CSV表转换为列表　文本

将 CSV 格式的表格解析为一个列表的行，在每行中又是一个字段的列表。

查找键值对

在键值对
中查找关键字，
如未找到则返回

在类字典结构的列表中查找信息。本操作需要 3 个输入值：一个关键字、一个键值对列表以及一个找不到关键字时的提示信息。此处的键值对列表中的元素本身必须是包含两个元素的列表。查找键值对就是要在列表中找到第一个键值对（子列表），它的键（第一个元素）与给定的关键字相同，并返回其值（第二个元素）。例如，列表为：（(a apple) (d dragon) (b boxcar) (cat 100) ），这时，查找 "b" 将返回 "boxcar"。如果列表中没有找到指定的键，则返回找不到中设定的信息；如果给定的列表本身不是键值对列表，则将提示出错。

通过这一章的学习，大家学到了什么呢？

✓ 学会了列表的创建。
✓ 学会了求列表的长度。
✓ 明白了如何向列表中添加内容。
✓ 明白了如何通过在列表中的位置去查找列表中对应的值。
✓ 学会了如何判断是否生成了列表，以及各种条件的判断。
✓ 学会了双列表的使用方法和遍历过程。

第6章
循环和过程

6.1 循环代码块的使用

今天，老师教大家学一个新的知识点，叫作循环代码块。

循环代码块？

1 条件循环

当满足条件重复执行

进行条件测试，当测试结果为真时，执行一组操作，然后再次进行条件测试，如果为真，执行同样一组操作；如果为假，不再执行这一组操作，跳出循环。

2 逐条循环

针对列表中的每一项（item）
执行

针对列表中的每一项（item），重复执行相同的操作。其中 item 代表正在参与运算的列表项。

3 计数循环

针对从（起始值，如1）
到（终止值，如100）
且增量为（指定值，如1）
的每一个数
执行

针对从起始值到终止值，且增量为指定值的每一个数，都重复执行同样一组操作。每重复一次，数值在现有基础上增加一个指定值。

在这节课上，我们熟悉了循环代码块的使用，为了更好地掌握它，我们来做一个"循环创建遍历列表"小程序吧！

"循环创建遍历列表" 小程序功能:

• 单击 "循环添加内容" 按钮,可以在空的列表中添加五个数字: 1、2、3、4、5。并将该动作显示在达宝的上方。
• 单击 "循环查看内容" 按钮,可以显示出列表的内容,并且显示在达宝的上方。

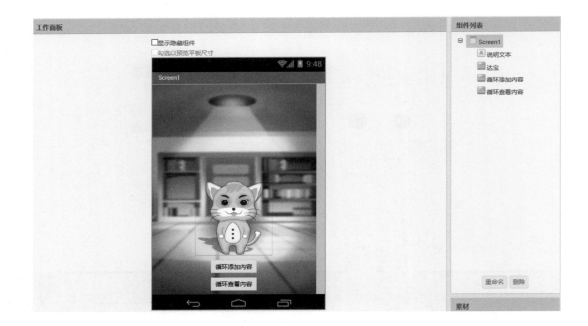

1

　　首先，我们需要创建一个新的空列表和一个存放列表内容的变量。具体代码块如下图所示。

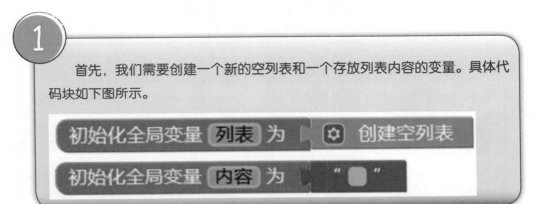

2

　　现在，我们来完成"循环添加内容"按钮的功能，循环向列表中添加每项的值，具体代码块的拼接如下图所示。此处需要用到一个计数循环的代码块，并将添加成功后的提示内容显示到达宝的上方。

③ 最后，我们来完成"循环查看内容"按钮的功能，这里我们想在列表中使用循环查看每项的值，此处需要用到一个计数循环的代码块，并将查看成功后的提示内容显示到达宝的上方。具体代码块的拼接如下图所示。

④ 通过本节的学习，我们学会了循环代码块的使用，以上就是本节小程序的所有代码块。大家拼接完成后看看效果吧！

6.2 定义过程、调用过程

什么是"定义过程"和"调用过程"呀?

今天,老师带领大家学习"定义过程"和"调用过程",相信大家学完之后会很喜欢用它们编程。

与其不断地将诸多相同的代码块罗列在一起,不如创建一个过程,将这些代码块归到这个过程的名下,之后再次用到这些代码块时,你只需要调用过程名就可以了。在计算机科学中,过程也被称作函数或方法。

名词解释

过程是指存放在某个名称之下的一系列代码块,或者说代码,这个名称就是你所创建的过程块的名称。

6.2.1 定义过程—执行指令

1 定义过程

⚙ 定义过程 过程名
执行语句

过程就是把一系列的代码块归为一组,并赋予它们一个名称——过程名。此后,当你想重复使用这组代码块时,只需调用过程名。定义过程块,就是用来将这些组块包装在一起,并允许为其命名。该代码块是一个可扩展块,当过程需要参数时,通过单击代码块上的蓝标,将参数拖出。

注意

在创建一个新的过程块时，App Inventor 自动赋予过程一个独有的名称，单击该名称可以对其进行修改。应用中的过程名必须是独一无二的，App Inventor 不允许一个应用中存在两个相同的过程名。在创建应用过程中，可以随时修改过程名，App Inventor 将自动更新所有对原有名称的调用。

2 调用过程

调用 过程名 ▾

一旦过程创建完成，App Inventor 将在过程抽屉中自动生成一个调用块，可以使用该代码块来调用此过程。

通过这节，我们熟悉了循环代码块的使用，为了更好地掌握它，我们来做一个"判断成绩等级"小程序吧！

"判断成绩等级" 小程序功能：

- 输入成绩，单击"确定"按钮，在达宝的上方显示成绩的等级。
- 当输入的成绩为 90 ~ 100 分之间的数值时，显示成绩等级为："优"。
- 当输入的成绩为 60 ~ 90 分之间的数值时，显示成绩等级为："中等"。
- 当输入的成绩为 0 ~ 60 分之间的数值时，显示的成绩等级为："差"。
- 当输入的成绩不在 0 ~ 100 分的范围内时，显示："请输入正确的格式范围"。

1

　　首先，搭建界面，为了节省界面搭建时间，我们可以复用已存在的界面。用到的组件有：标签、按钮、水平布局、文本框。界面的效果如下图所示。

2

我们需要定义一个全局变量，用来存储输入文本框的成绩内容。具体的代码块如下图所示。

初始化全局变量 成绩 为 0

3

现在，我们就用到"定义过程"这个新的知识点了。我们需要定义 4 个过程，分别处理 4 种情况：优、中等、差、格式错误。

然后，我们根据变量获取的值去调用相应的过程。定义过程的代码块拼接如下图所示。

定义过程 优
执行语句 设置 说明标签 . 文本 为 "恭喜你，成绩等级为：优"
定义过程 中等
执行语句 设置 说明标签 . 文本 为 "不错哦，成绩等级为：中等"
定义过程 差
执行语句 设置 说明标签 . 文本 为 "继续努力哦，成绩等级为：差"
定义过程 格式错误
执行语句 设置 说明标签 . 文本 为 "请输入正确的格式范围"

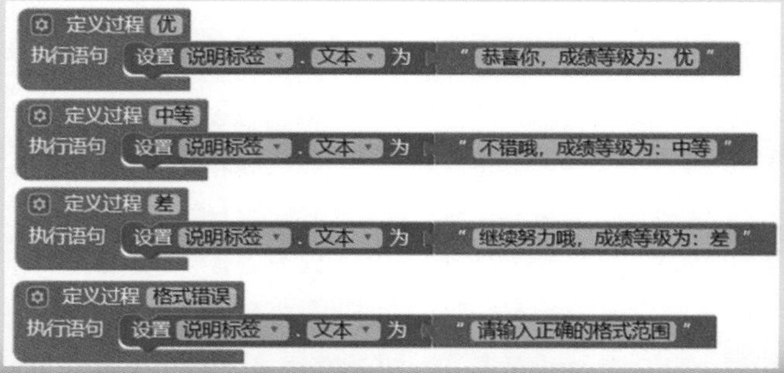

4

我们在这一步就可以根据成绩来"调用过程"了，具体的代码块拼接如下图所示。

当 确定 .被点击
执行 设置 global 成绩 为 成绩内容 . 文本
如果 取 global 成绩 ≥ 90 与 取 global 成绩 ≤ 100
则 调用 优
否则，如果 取 global 成绩 ≥ 60 与 取 global 成绩 < 90
则 调用 中等
否则，如果 取 global 成绩 < 60 与 取 global 成绩 ≥ 0
则 调用 差
否则 调用 格式错误

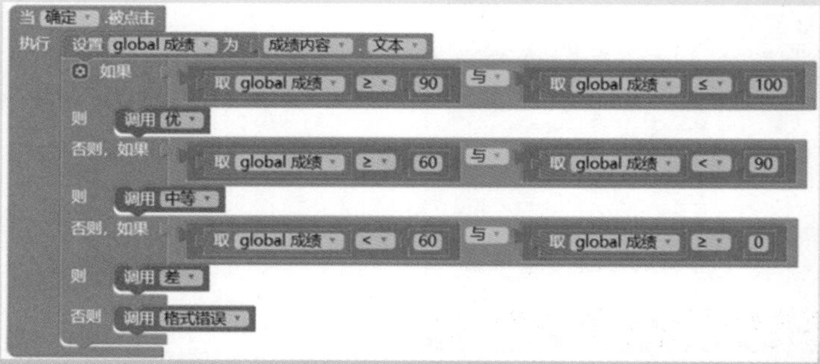

5

　　以上就是本节的所有代码了，大家是不是觉得很简单呢？是不是学会了"定义过程"和"调用过程"呢？在自己的计算机上多做几遍吧。

6.2.2 定义过程—返回结果

现在，我们用返回结果的定义过程来操作一下"判断成绩等级"小程序吧！

1 定义过程

⚙ 定义过程 过程名
返回

定义过程（执行命令）代码块相同，只是这里调用过程将返回一个结果。

2 调用过程

调用 过程名 ▾

一旦过程创建完成，将生成一个带有插头的调用块。这是因为调用它的代码块将接收此过程块的运行结果。

1

　　现在，我们用另外一种方式来实现定义过程，即用返回结果的方式来定义过程。此时，定义过程的代码块如下图所示。

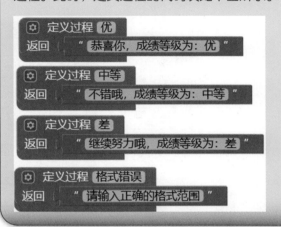

2

　　使用返回结果的方式定义好过程之后，我们来调用过程，具体代码块的拼接如下图所示。

3

　　现在，我们通过使用返回结果的方式定义代码块来实现"判断成绩等级"小程序就完成了，大家来熟悉一下吧！

在上节中，我们学习了两种定义过程，即执行指令的定义过程、返回结果的定义过程。其实这两种过程都可以带参，具体的带参方式我们在下面的内容中会告诉大家。

6.3.1 执行指令的带参过程

1 带参过程—执行指令

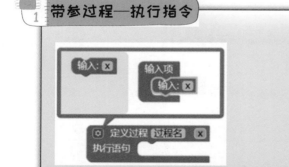

在上节中，我们已经介绍过执行指令的定义过程的代码块是一个可扩展块，我们可以在代码块上添加要传入的参数，添加方法如上图所示。当我们添加成功时，会在代码块的上方显示参数名称，该参数名称可以修改。

2 调用带参过程—执行指令

调用带参过程和调用无参过程相似，只是调用带参过程后面有一个卡槽，需要提供参数的具体内容，可以是数字、文字、列表等。

现在，我们用带参的定义过程来操作一下"判断成绩等级"小程序吧！

1

首先，我们需要用带参的方式定义过程，具体的代码块拼接如下图所示。

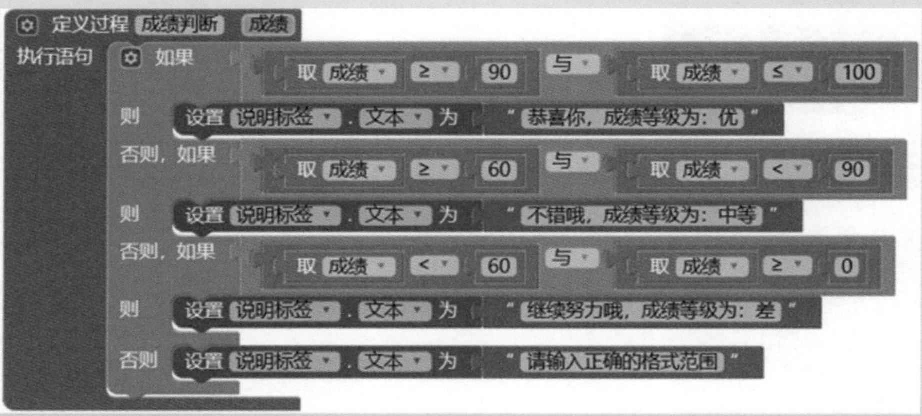

2

定义好过程以后，我们通过调用带参过程去实现判断成绩等级的功能。具体代码块拼接如下图所示。

6.3.2　返回结果的带参过程

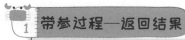

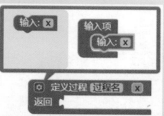

　　带参的返回结果定义过程代码块类似于带参的执行指令定义过程块，也是一个可拓展的代码块。我们在需要使用参数时，只需要将其拖曳出来即可。带参支持多个参数。参数名也可以修改。

　　调用返回结果的带参过程如上图所示，代码块上的卡槽需要拼接的是过程代码块需要用到的参数。

现在，我们用带参的返回结果的定义过程来操作一下"判断成绩等级"小程序吧！

1

　　我们用返回结果的带参定义过程去实现判断成绩等级的程序，首先需要定义过程，具体代码块的拼接如下图所示。

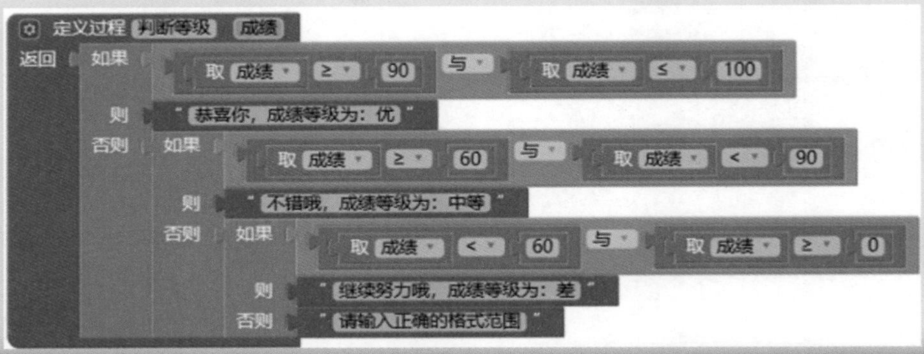

2

　　定义完过程之后，我们来调用带参的返回结果的过程，具体代码块的拼接如下图所示。

6.4 总结

通过这一章的学习，大家学到了什么呢？

✓ 学会了循环代码块的使用。
✓ 学会了定义过程和调用过程。
✓ 学会了带参过程的定义和调用。
✓ 学会了能返回结果的定义过程和调用过程。
✓ 学会了返回结果的带参过程的定义和调用。

第 7 章
屏幕代码
块的使用

7.1 打开屏幕与屏幕的初始化

屏幕就是程序中用于容纳所有组件的顶级容器组件。

今天，老师要问大家一个问题，大家知道什么是屏幕吗？

1 打开另一个屏幕

```
打开另一屏幕  屏幕名称
```

根据所提供的屏幕名称打开另一个屏幕。

2 屏幕初始化

```
当  屏幕1 ▼ .初始化
执行
```

在屏幕控件上单击就可以找到该代码块。这个代码块是在程序加载出来显示屏幕内容时执行的代码块。我们可以在这个代码块里面处理初始化屏幕的事情，比如更改屏幕的标题、更改屏幕的背景颜色，或者是获取屏幕的参数信息等。

很多的应用都用到了屏幕，比如我们经常使用的微信就是由好多屏幕组成的，新增一个聊天对象就会创建一个新的屏幕。

老师，创建很多个屏幕有什么用呢？

现在，我们用打开另一个屏幕和初始化代码块来做一个"切换屏幕"小程序吧！

"切换屏幕" 小程序功能：

- 单击第一个"切换屏幕"按钮后，屏幕切换到第二个屏幕上。
- 单击第二个"切换屏幕"按钮后，屏幕切换到第一个屏幕上。
- 在切换屏幕时，将下一个屏幕名称修改为传递参数名称，更改屏幕的标题为相应的屏幕名称。

1

　　首先，我们要搭建界面，界面要用到按钮组件。搭建界面时，我们要创建两个屏幕，并且在屏幕上设置背景图片和按钮控件，具体如下图所示。

2

界面搭建完成之后，我们来完成单击"切换屏幕"按钮时从第一个屏幕跳转到第二个屏幕的功能，具体代码块的拼接如下图所示。

```
当 切换▼ .被点击
执行  打开另一屏幕 屏幕名称   " 屏幕2 "
```

3

现在，我们来完成运行程序加载第一个屏幕时初始化需要做的事情，我们需要在初始化的时候更改当前屏幕的标题，具体的代码块拼接如下图所示。

```
当 屏幕1▼ .初始化
执行  设置 屏幕1▼ . 标题▼ 为   " 我是屏幕1 "
```

4

同理，我们在第二个屏幕上也需要完成单击"切换屏幕"按钮跳转到第一个屏幕的功能，同时在初始化代码块中完成更改当前屏幕标题的功能。具体的代码块拼接如下图所示。

```
当 切换▼ .被点击
执行  打开另一屏幕 屏幕名称   " 屏幕1 "

当 屏幕2▼ .初始化
执行  设置 屏幕2▼ . 标题▼ 为   " 我是屏幕2 "
```

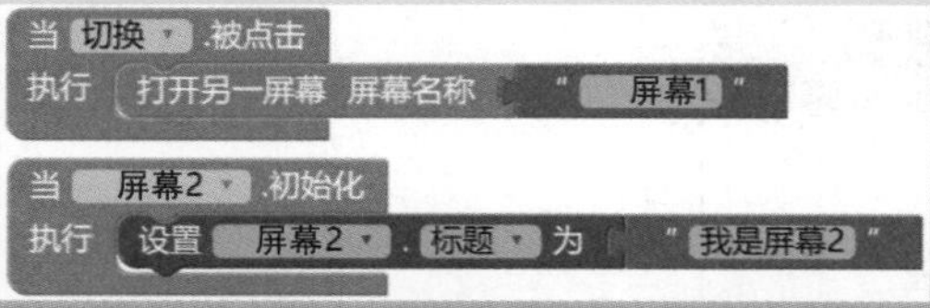

5

将以上4步的代码块拼接到一起就实现了"切换屏幕"小程序功能，大家自己动手做一做吧！

> 7.2 关闭屏幕与屏幕间的传值

讲完"切换屏幕"和"屏幕初始化"的内容之后，老师现在要教你们学习"关闭屏幕"和"屏幕间的传值"。

1 关闭屏幕

关闭屏幕

关闭当前的屏幕，注意此时会跳转到上一个界面。如果没有上一个界面，则会退出程序。

2 关闭屏幕并传值

关闭屏幕并传值 值

关闭当前屏幕，并传值给打开它的屏幕。打开第二个屏幕时刚好用到了第一个屏幕上产生的结果。此时，还需要在第二个屏幕的初始化代码块中获取传过来的值。

3 获取初始值

获取初始值

用来获取从前一个屏幕传过来的参数值，可以是文字和数字等形式。获取内容需要放到屏幕初始化中接收并做相应的处理。

学会了"屏幕间传值"和"关闭屏幕"的相关内容之后，我们来修改一下"切换屏幕"小程序吧！

"切换屏幕"小程序功能：

- 单击第一个"切换屏幕"按钮后，屏幕切换到第二个屏幕上，并且向第二个屏幕传值，内容是"我是从第一个屏幕跳转过来的"文本。
- 单击第二个"切换屏幕"按钮后，屏幕切换到第一个屏幕上，并且向第一个屏幕传值，内容是"我是从第二个屏幕跳转过来的"文本。
- 单击每个屏幕上的"关闭屏幕"按钮后，会关闭当前的屏幕。

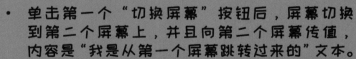

1 首先，我们需要搭建界面，此处和上节的界面搭建相似，在每个屏幕上再添加一个"关闭屏幕"按钮即可。具体界面搭建如下图所示。

2 其次，我们来实现两个屏幕上的"关闭屏幕"按钮功能，此处用到了"关闭屏幕"的代码块。具体代码块的拼接如下图所示。

③

　　现在，我们来完成"切换屏幕"的功能，在切换屏幕后，将第一个屏幕的文本信息传递到第二个屏幕上。具体的代码块拼接如下图所示。

```
当 切换 ▼ .被点击
执行    打开另一屏幕并传值  屏幕名称      "  屏幕2  "
                        初始值       " 我是从第一个屏幕中跳转过来的 "
```

④

　　最后，我们在初始化代码块中去接收从上一个屏幕中传递过来的参数值，并且通过标签组件显示。在接收参数之前，我们需要判断是否有参数。具体的代码块拼接如下图所示。

```
当    屏幕1 ▼ .初始化
执行    设置    屏幕1 ▼ . 标题 ▼  为      " 我是屏幕1 "
          ⚙ 如果    获取初始值
          则   设置 说明文本 ▼ . 文本 ▼  为    获取初始值
```

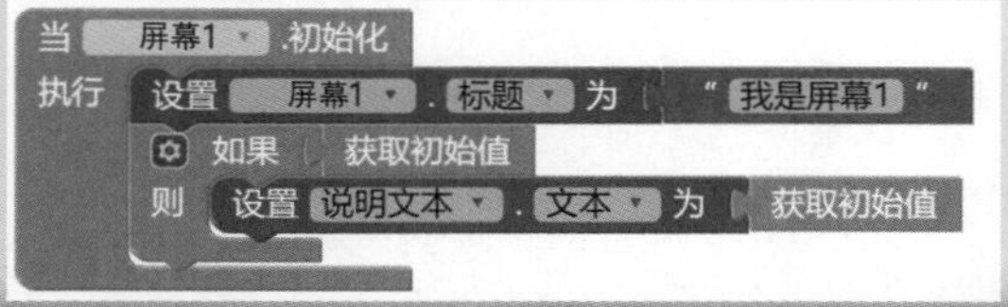

⑤

　　上述全部的代码块就组成了两个屏幕之间的切换、传值以及关闭屏幕的内容。整理代码块如下图所示。

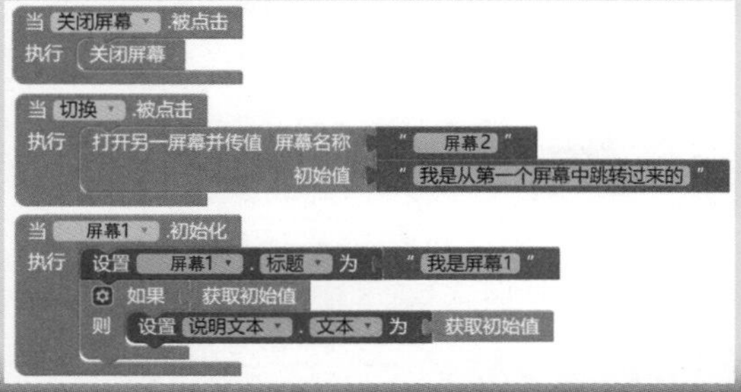

```
当 关闭屏幕 ▼ .被点击
执行  关闭屏幕

当 切换 ▼ .被点击
执行    打开另一屏幕并传值  屏幕名称      "  屏幕2  "
                        初始值       " 我是从第一个屏幕中跳转过来的 "

当    屏幕1 ▼ .初始化
执行    设置    屏幕1 ▼ . 标题 ▼  为      " 我是屏幕1 "
          ⚙ 如果    获取初始值
          则   设置 说明文本 ▼ . 文本 ▼  为    获取初始值
```

7.3 屏幕被回压代码块

屏幕被回压

　　"屏幕被回压"代码块如上图所示。所谓的"屏幕被回压"是指单击安卓手机的返回按键的动作。不使用该代码块时，我们单击安卓手机的返回键，会退出当前屏幕回到上一个屏幕，修改了"屏幕回压"代码块之后，就可以使安卓手机的返回键有其他的作用。

通过"屏幕被回压"代码块，我们来为"切换屏幕"小程序添加一个屏幕回压触发的功能吧！

"切换屏幕"小程序功能：

在第一个屏幕上，单击安卓手机下方的返回按钮，让小程序屏幕直接跳转到第三个屏幕上面，并给第三个屏幕传值。此时，我们需要新创建一个屏幕，即第三个屏幕。

1

首先，创建第三个屏幕，将标题更改为"我是屏幕 3"，设置好屏幕的背景，如下图所示。

2

为了能在单击安卓手机返回键时，就跳转到第三个屏幕，我们用到了屏幕被回压的代码块，同时还用到了打开另一个屏幕并传值的代码块，具体的代码块拼接如下图所示。

③ 由于第一个屏幕被回压之后会跳转到第三个屏幕。同时会传参数到第三个屏幕，我们应该在第三个屏幕逻辑设计中的屏幕初始化代码块中去接收从第一个屏幕传来的参数，并且用标签组件去显示内容。

这里，我们需要判断是否有参数传入，只有在有参数传入的情况下才可以去接收参数，具体的代码块拼接如下图所示。

④ 通过以上代码块的拼接，为第一个屏幕添加了屏幕被回压的功能，大家也在自己的计算机上尝试着做一做吧。

第一个屏幕

第三个屏幕

这一章我们学习了有关屏幕的相关代码块，但是还有很多代码块没有学习到，大家一起来看看吧！

1 关闭屏幕并传值

关闭屏幕并传值 值

关闭当前屏幕，并传值给打开它的屏幕。

2 获取初始文本

获取初始文本

当其他应用调用该屏幕时，获取调用者传来的文本信息。如果调用者没有传递文本信息，则返回空文本。在多屏应用中，使用获取初始值块来获取初始信息，而非本代码块。

关闭屏幕并传文本

关闭屏幕并返回文本 文本值

　　关闭当前屏幕，并传值给打开它的应用。在多屏应用中，用关闭屏幕并传值，而非本代码块。

当我们学习完这一章之后，大家回忆一下自己学了什么内容呢？

✓ 学会了打开屏幕和屏幕的初始化。
✓ 学会了关闭屏幕和屏幕间的传值。
✓ 学会了屏幕被回压代码块。
✓ 学会了接收从其他屏幕传回来的参数。
✓ 学会了关闭屏幕时的传值。
✓ 了解了获取初始文本的使用方法和关闭屏幕并传文本的相关知识。